海洋技术标准国际转化研究与实践

袁玲玲　张　博等　编著

海洋出版社

2020年 · 北京

图书在版编目（CIP）数据

海洋技术标准国际转化研究与实践/袁玲玲等编著. —北京：海洋出版社，2020. 9
ISBN 978-7-5210-0653-7

Ⅰ. ①海… Ⅱ. ①袁… Ⅲ. ①海洋-国际标准-研究
Ⅳ. ①P7-65

中国版本图书馆 CIP 数据核字（2020）第 181841 号

责任编辑：杨传霞
责任印制：赵麟苏
海洋出版社 **出版发行**
http：//www. oceanpress. com. cn
北京市海淀区大慧寺路 8 号　邮编：100081
北京朝阳印刷厂有限责任公司印刷　新华书店总经销
2020 年 9 月第 1 版　2020 年 10 月北京第 1 次印刷
开本：787mm×1092mm　1/16　印张：7. 75
字数：145 千字　定价：80. 00 元
发行部：62132549　邮购部：68038093

编著人员名单

名誉主编： 司建文

主　　编： 袁玲玲　张　博

编　　委： 张　博　袁玲玲　李亚红　刘升发
来向华　张化疑　王爱军　陈　华
陈方芳　王　聪　王　颖

前言

习近平总书记指出，海洋对人类社会生存和发展具有重要意义，海洋孕育了生命、联通了世界、促进了发展。海洋是高质量发展战略要地，要加快海洋科技创新步伐，提高海洋资源开发能力，培育壮大海洋战略性新兴产业。要促进海上互联互通和各领域务实合作，积极发展“蓝色伙伴关系”。当前，海洋已经成为全球合作的重要领域，随着我国“一带一路”倡议的提出和深入实施，我国与世界其他海洋国家的国际合作也广泛深入开展。从现代港口建设到海洋高新技术与装备制造，从海洋可再生能源利用到海水淡化与综合利用，海洋合作方兴未艾。在开展海洋国际合作的过程中，我国遵循着互惠、互利、互助的原则，秉承着共商、共建、共享的理念，与有关国家共同开发利用海洋，保护海洋，用实际行动造福全人类。古语有云：“向海而兴，背海而衰，禁海几亡，开海则强。”站在新的历史起点上，面对全球海洋治理的诸多挑战，我们只有与世界各国深化交流、加强合作、同舟共济，才能共创美好未来。

开展海洋国际合作，离不开海洋技术标准的指引。海洋技术标准既是开展海洋技术服务、工程项目的技术依据，更是开展海洋技术领域合作的桥梁和纽带。通过标准语言，使我国海洋技术被国外所接受和采纳，在国外认可我国海洋技术标准的同时认可我国海洋技术和服务，最终促成双边海洋合作的建立和开展。这不仅可以实现我国海洋技术标准走出国门的美好愿望，而且通过标准“走出去”更多地带动我国海洋技术、服务和装备“走出去”，进而产生深远的经济效益和社会效益，也必将有助于在世界范围内建立海洋领域的“中国品牌”。

“三万里河东入海，五千仞岳上摩天”，海洋技术标准“走出去”是一项开创性的工作。这项工作不仅需要从零起步，更是需要“摸着石头过河”，跨越“急流和险滩”。从第一项海洋标准英文版的制定，到第一项海洋标准合作协议的签订，从标准转化失败的经历，到标准转化路径的持续探索，推动海洋技术标准“走出去”的探索者们既经历了成功的喜悦，也品尝了失败的苦涩。在困难中不断积累经验，砥砺前行，截至 2019 年年底，我国圆满完成了 5 项海洋技术标准“走出去”的目标和任务。本书的主要内容即根据开展海洋标准“走出去”任务的研究和实践经验总结而来。

本书内容包括概述、海洋调查标准在泰国的转化、海水淡化标准在印度尼西亚的应用、海洋站建设标准在斯里兰卡的转化、海洋工程勘察标准在海外的转化、海洋仪器检验检测标准在巴基斯坦的转化、海洋标准上升为国际最佳实践、有关国内外海洋标准的比对分析，以及我国海洋技术标准国际转化实践与经验总结九个部分。全书整体框架由袁玲玲、张博共同确定，第一章由张博编写，第二章由刘升发编写，第三章由李亚红编写，第四章由张化疑编写，第五章由来向华编写，第六章由张博、王爱军、王聪共同编写，第七章由袁玲玲编写，第八章由张博、袁玲玲、陈华、陈方芳、王颖、李亚红共同编写，第九章由张博编写。

本书涉及的标准转化研究是由中国标准“走出去”适用性技术研究（一期）项目、我国五大领域装备与工程标准海外转化应用研究课题、海洋技术标准出口转化应用研究任务（任务编号：2016YFF02029034）进行支持的。

由于海洋标准国际转化与应用尚属首次，且作者自身知识水平有限，因此本书在编著的过程中，难免出现疏漏或考虑不周之处，欢迎海洋学界及标准研究领域的各位专家和学者予以批评指正。

作　者

2019 年 12 月

目　录

第一章 概 述

一、海洋技术标准国际转化的背景和意义

2013 年，习近平总书记在访问中亚和东南亚国家时提出了“一带一路”倡议，随着 21 世纪海上丝绸之路建设的开展，沿线国家在海洋领域的合作需求非常强烈，这给我国海洋标准在国外的转化应用提供了非常好的契机。我国海洋标准的转化合作对象主要为东南亚国家，如泰国、印度尼西亚、斯里兰卡、菲律宾和巴基斯坦等国。这些国家在海洋调查、海洋观测、海洋工程勘察和海洋仪器产品检测校准等领域或需求强烈，或能力薄弱，急需具有技术优势、价格低廉、能够保证质量的服务提供者或是工程项目合作对象。我国在上述海洋领域无论是技术能力，还是服务质量都在国际上具有一定的竞争优势。同时，在标准化方面，我国海洋标准的制定和发布也同样走在国际前列，目前已经发布的现行有效海洋国家标准 128 项，海洋行业标准 280 项，海洋领域的标准相对系统全面。

结合海洋领域国内外两方面的情况，我国在海洋标准对外合作上，按照特色领域分别选取了 GB/T 12763. 8—2007《海洋调查规范　第 8 部分：海洋地质地球物理调查》、GB/T 17503—2009《海上平台场址工程地质勘察规范》、GB/T 17502—2009《海底路由管道勘察规范》、HY/T 099—2007《海水营养盐测量仪检测方法》、HY/T 096—2007《海水溶解氧测量仪检测方法》、HY/T 243—2018《全球导航卫星系统（GNSS）连续运行基准站与验潮站并置建设规范》等作为开展国际合作的几项标准，希望推动这些中国海洋技术标准在国外应用实施，提升国家海洋形象和影响力，进而推动更多的海洋标准走向国际舞台。

这些标准在国外的成功转化和应用将直接引领海洋工程、技术和服务“走出去”，推动我国海洋工程勘察服务进一步参与国际竞争；能够促进我国与“一带一路”沿线国家在海洋科学调查、海洋观测、海洋仪器设备检测领域的互利合作，实现海洋环境数据共享，为我国及“一带一路”沿线国家提供海洋环境安全保障，从而服务于“一带一路”倡议。

二、海洋技术标准国际转化的总体思路

海洋技术标准国际转化的第一步是确定目标国家，然后根据目标国家的不同状况和需求，选取标准，确定转化方式，开展转化活动和标准落地应用。海洋技术标准转化路径如图 1.1 所示。

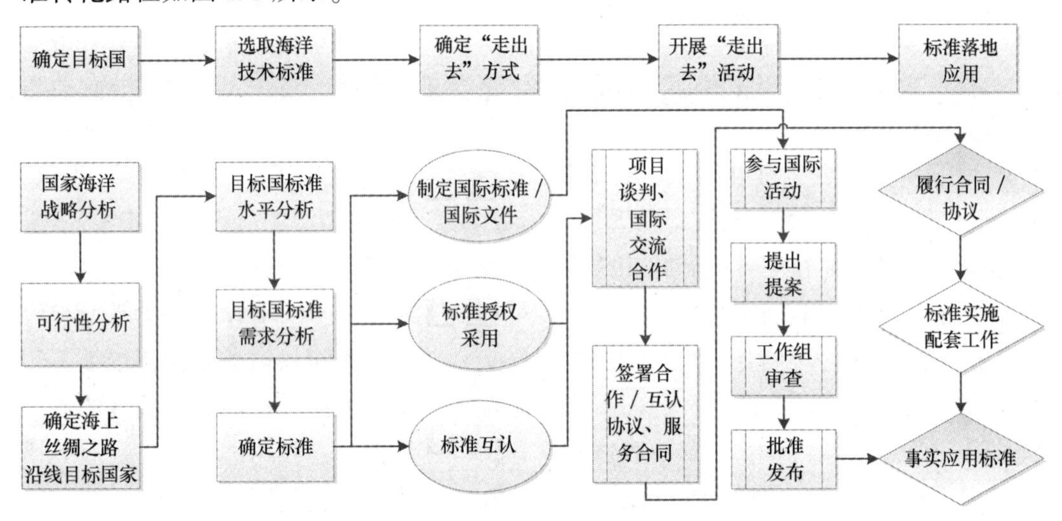

图 1.1　海洋技术标准“走出去”路径

（一）确定目标国

海洋标准在国外转化应用的首要工作就是明确合作目标国。这里既要明确哪些国家可以合作，还要分析研究不同目标国标准转化合作的难易程度。我国是亚洲地区最为重要的海洋国家，仅周边亚太地区就有日本、韩国、朝鲜、俄罗斯、菲律宾、印度尼西亚、马来西亚、新加坡、文莱、越南、泰国、印度、巴基斯坦、缅甸和孟加拉国等十余个海洋国家。如果将“一带一路”沿线国家算在内，则标准转化合作范围可延伸至中东及非洲南部沿海国家。不同国家由于其海洋实力和海洋标准发展所处阶段各不相同，对于我国海洋标准的接受程度也不相同，其中蕴含的政策风险、合作风险、技术风险和经济风险等不确定因素对标准能否成功转化起到的作用也各不相同。因此，确定一个合适的标准转化合作国，对于标准能否成功转化至关重要，这就需要进行：① 国家海洋战略分析，主要包括我国及目标国海洋战略、海洋政策、涉海有关领域的法律法规的研究，寻找两国战略、政策、法律法规中的有关契合点，从中确定合作方向，进而评估我国海洋标准在目标国转化的政策可行

性；② 目标国标准转化可行性分析判别，主要包括我国和目标国海洋标准总体技术水平分析，我国标准在目标国适用性分析，并评估我国标准转化合作的技术可行性；③ 通过政策可行性及技术可行性评估结果，综合考虑以往合作基础、合作意愿、国家间合作关系等因素最终确定转化目标国。

（二）海洋技术标准的选取

主要针对目标国的需求，结合我国海洋优势领域，选取一批能够转化、易于转化、可复制转化的海洋技术标准作为转化对象。这里在确定标准前，有必要开展中外海洋标准的比对分析，明确中外标准的水平、技术指标的高低程度，选取我国在海洋技术能力上有充分优势的标准或至少主要技术指标不低于目标国海洋标准的作为转化对象。针对没有相关海洋标准的国家，要开展我国标准在这些国家使用的可行性研究，主要关注目标国的需求、可接受程度、标准实施条件是否满足，以及为开展标准转化应用所必备的其他条件是否得到满足，等等。我国海洋标准的选取既要结合自身的优势，又要考虑转化的客观实际情况，保障转化取得良好效果。

（三）确定转化方式

在确定转化目标国及转化标准后，下一步是确定海洋标准的转化方式。海洋标准的转化有合作制定国际标准/文件（或共同制定标准）、授权采用标准、标准互认三种主要方式。其中，开展国际标准/文件的制定需要依托有关国际标准化组织进行，因其往往需要遵循一定的程序和规则，所以制定周期相对长，不适宜短期转化需求。授权采用标准的方式相对灵活，可操作性强，一般通过工程服务合同、合作协议等方式实现，因而适用于对转化时限有要求的情况。标准互认一般由政府主导，政府相关标准化机构参与，共同推动国与国之间的标准互认，签署互认协议，发布标准互认清单，这种方式在产品制造、贸易服务等领域比较常见。海洋领域主要以授权采用标准方式为主，通过开展合作或承担服务项目，对相关海洋领域的标准进行转化。

（四）开展转化活动

根据选取的不同转化合作方式开展目标国的标准转化活动。授权采用标准方式，一般前期要开展两国之间的合作和交流，对标准进行推介，让目标国认可我国标准技术内容，有条件时可开展标准试用，通过试用推进标准转化。最终通过签订协议或服务合同，将标准使用条款进行明确，作为标准转化成果的依据。采用制定国际标准/文件方式开展标准转化的，需要依托有关领域国际组织或标准化机构，通过参与国际标准制定活动，提交国际标准/文件制定提案，经过审查和正式批准发布的方式，制定国际标准或有关国际组织承认的技术文件，以实现标准的最终转化。

（五）海洋技术标准转化应用

海洋技术标准转化成功后，一般要推动标准的实际应用，并履行有关合同、协议中的其他规定，包括标准使用人员培训、配备相关仪器设备，以及其他必要的标准化实施活动。为了夯实我国海洋技术标准在国外转化的成果，还需要对标准实施情况进行跟踪了解，以便对标准进行完善，满足目标国长期的使用需求。

第二章 海洋调查标准在泰国的转化

一、海洋调查标准转化目的

将我国目前海洋调查遵循的标准进行转化，应用到海洋国际合作调查中去，实现我国海洋调查标准被国外实际应用。以海洋调查标准助推我国海洋调查产品、技术、设备、服务全面“走出去”，实现海洋地质和地球物理调查领域的“中国引领”，促进国际海洋地质和地球物理调查的规范和统一，为我国与“一带一路”沿线国家开展海洋领域科研合作提供调查标准上的保障。

二、国内外海洋调查发展现状

美国、日本等发达国家在海洋调查领域起步较早，技术更为先进。中国经过多年的研究与实践，形成了较为全面的海洋调查技术和较为先进的海洋调查技术标准，为我国与“一带一路”沿线国家间开展国际合作提供了可能。目前，泰国等东南亚国家海洋调查能力薄弱，我国的海洋调查技术和标准对其更具适用性。

（一）美国

1. 海洋区域地质调查

美国是世界经济和军事实力强国。为了维护本国在世界中的地位，美国不断地进行掠夺并制定战略，海洋是其战略的重要部分。因此，美国全面开展的海洋调查对其海上安全和海洋资源的开发利用有着至关重要的作用。最初美国多在沿岸海域和局部海区进行海洋地质调查工作，并以开发石油为主要目标，1930 年美国就开始在墨西哥湾探查海底石油。第二次世界大战后期，美国海洋地质调查有了更大的发展，获得了大量的资料。20 世纪 60 年代，美国对海洋工作更加重视，进而开展了一系列长远的考察。1968—1983 年，美国实施了“挑战者”号钻探船的深海钻探计划，为全球海洋地质调查奠定了坚实的基础。1983 年，制定了“专属经济区测绘计划”。1984年，开始执行东、西海岸及太平洋托管地专属经济区测绘。1984—1991年，完成了第二轮海洋区域地质调查，同时，第一个专属经济区1∶50万系统测绘与制图完成。1985年，完成了西海岸专属经济区1∶50万地质图，同年“决心”号进行了大洋钻探计划。1986—2000年，完成了“全球海洋科学计划”。1987年，又制订了新的10年专属经济区计划，同时出版了一套1∶10万环境地质图集。1995—2005年，完成了“海洋战略发展计划”，开展了大比例尺（大于1∶10万）海底地质图的测制工作。1996年，开始实施“太平洋海底制图项目”，并系统绘制美国大陆架地质图。至今，美国基本上完成了沿岸和大陆架中比例尺（1∶50万至1∶25万）、大比例尺地质图件的测绘工作。

2. 专属经济区海洋地质调查

专属经济区（EEZ）是在第三次联合国海洋法会议上确立的一项新制度。专属经济区是指从测算领海基线量起200 n mile、在领海之外邻接领海的一个区域。1983年3月10日，美国设立了EEZ，包括其本土、太平洋群岛及岛屿、海外领地等，面积达到971.4×10^4 km^2，海岸线长19 924 km。美国对其EEZ进行了详细调查，调查内容有7项，分别为常规调查、沿岸海域综合调查、水产调查、特殊海域综合调查、外海深海综合调查、大陆架地质调查及海底矿产调查。

3. 海洋调查机构

美国海洋地质调查机构大致包括政府系统的调查机构、大学内研究机构和民间的海洋开发公司三大类。

（1）政府系统的调查机构

美国政府管理海洋的调查机构在总统的领导下开展工作，包括国家海洋咨询委员会、国家海洋资源和工程发展委员会、国家科学基金会等，主要负责海洋工作计划，检查、总结并汇报计划执行情况，同时也研究海洋管理和利用的各种法律，预算拨款等工作。美国政府系统内的海洋地质及地球物理调查研究机构主要有美国地质调查局（USGS）、美国国家海洋与大气管理局（NOAA）、美国矿务局（USBM）和斯米索尼安研究所。

（2）研究机构

大学内设部门主要为海洋地质及地球物理研究中心。美国的三大海洋研究中心包括加州大学圣地亚哥分校的斯克里普斯海洋研究所（1903年成立）、伍兹霍尔海洋研究所（1930年成立）、哥伦比亚大学的拉蒙特-多尔蒂地质研究所（1949年成立）。这三个研究所都是综合性海洋研究机构，研究对象都具有全球化性质，主要从事海洋地质基础理论研究，并承担海军和政府部门的任务。

（3）民间的海洋开发公司

美国私营企业在国家经济活动中有重要作用。因此，美国有多个大公司在从事国内外海上石油勘探工作，如美国埃克森美孚公司、PBF 能源公司等，为国家的经济发展做出重要贡献。

4. 海洋地质调查技术

美国的海洋地质调查主要应用以下 4 种技术。

（1）深海钻探技术。美国深海钻探技术处于世界领先水平，主要通过“格洛玛·挑战者”号钻探船执行。该船 1968 年由洛杉矶市全球海洋公司造船厂制造，船长 122 m，排水量 10 688 t，钻塔高 60 m，并装有全动力定位装置。钻探船的前后两侧安装了四个推进器，当船到达指定地点后，将一个声波信号发生器沉入海底，海底发回的信号经船上接收器接收后，输入电子计算机。当船漂离孔位时计算机将接收到的偏离信号显示出方向和距离，并传输到推进器，确保钻探船调整到原始定位点。

（2）卫星遥感技术。卫星遥感技术是 19 世纪 60 年代发展起来的，具有全球范围内近同步、大尺度、快速收集地球表面物理信息等特点，至今应用依然很广泛。美国于 1978 年发射了海洋卫星 SeaSAT-A，这颗卫星装载了在当时技术条件下能够研制出来的所有海洋遥感仪器，包括：微波辐射计（SMMR）、微波高度计（RA）、微波散射计（SASS）、合成孔径雷达（SAR）、可见光红外辐射计（VIRR）5 种传感器，第一次获得了全球范围内的海洋遥感数据。20 世纪 90 年代，遥感技术进入了大发展阶段。美国又于 1999 年发射了卫星 IKONOS，该次发射使世界的海洋遥感技术进入实用阶段。

（3）海洋深潜技术。深潜技术在 19 世纪早期就已经受到各国的重视。1825 年，第一个潜水呼吸器下潜到海面以下 6 m。20 世纪 60 年代，发展了“水下居住实验室”和“深海调查潜艇”。70 年代，又发展了载人深潜器、无人遥控深潜器和自治式无人探测器等技术，美国把深潜技术研究作为海洋调查重点项目之一。美国斯克里普斯研究所研制的能在 6 100 m 水深进行作业的海底无人遥控深潜器，具有许多载人深潜器没有的优点，能在各种恶劣的地质环境中进行作业。美国海洋技术水平的逐步提高，也表明了美国向海底世界的深度和广度的不断推进。

（4）测深和旁侧声呐技术。用移动操作系统（iOS）的传感器或回声测探仪测量海底地貌，测量时多使用 MarkIB 型旁侧声呐。这种仪器能反映调查船下 1 000 m 范围内的海底地貌，其特点是分辨率高。

其他还有地震反射与地震折射、磁力测量、海底取样等技术也有广泛应用。

（二）日本

1. 海洋区域地质调查

日本在海洋地质调查方面是一个发展较晚，但进步较快的国家。日本政府对海洋事业的重视来自其对海洋的依赖。从经济方面来看，人类对海洋资源的依存度逐年上升。以往人们谈论起海洋资源主要是海洋生物类水产资源，但第二次世界大战后，石油、天然气、海底金属矿藏等较之以往备受关注。日本工业发达，但国土面积小，日本的陆地能源矿产储量极其匮乏，自然更把海洋作为一个重要能源来源地。因此，日本也更加重视对海洋的地质调查。从 1974 年开始，日本开展了四轮海洋区域地质调查，目前已完成四国盆地、菲律宾海和中国海地形测量。同时，日本积极参与国际合作计划，参加过深海钻探计划和大洋钻探计划的调查，也对南极、太平洋地区进行过考察，现在为大洋钻探计划成员国之一。随着日本政府对此项事业重视程度的加大，日本的海洋开发能力逐渐增强，正成为一个海洋强国。

2. 专属经济区海洋地质调查

首先，日本对较近的沿岸海域进行了综合调查，并把其领海划分为 545 个区域，方便进行地球物理勘探、海岸带测量等工作。对于沿岸水域编制了 1∶5 万的多种基础图件。为掌握海域内矿产资源及地质构造的概况，日本又对大陆架和周围海域进行了勘查，划分了 51 个区域，进行了比例尺为 1∶10 万至 1∶20 万的测量工作。日本按照由近及远的调查原则，最后对大洋海区进行调查，包括海沟、海岭等海底地形等的测量。

日本调查工作取得的成就跟政府的统一领导有很大的关系，其政策、方针都很一致。国民对于海洋开发利用都有较高的认识，并且调查成果由各部门、单位、企业共同分享。调查工作有具体的计划，调查计划也很完善，设备比较先进，并且效率很高，小型化的设备较多。

3. 海洋调查机构

日本的调查机构也是分为政府的和民间的两大类。日本地质调查中心（GSJ），隶属日本产业技术综合研究所（AIST），前身为日本地质调查所，于 1882 年成立。日本地质调查中心主要行使国家地质行业部分管理职能，从事国土及海域地质调查、基础地质科学研究、资源调查研究、灾害地质、环境地质监测与研究、国际合作和情报交流等工作，为政府决策提供地质依据，为地质科技进步和矿产勘查提供带头作用，并向社会提供地质咨询服务。在海外资源和海洋资源开发研究方面，日本大力加强海洋地质研究，向大洋大海寻找资源。在大洋锰结核调查及海底现代热液成矿作用研究等方面不断取得新的进展，居世界领先地位。另外一种是民间的公司形式，也从事海上地质调查，为日本的海洋地质方面贡献力量。

4. 海洋地质调查技术方法

日本的调查技术方法主要有：

——重力测量方法。使用重力仪和计算机，处理资料及时快捷。

——海流观测方法。表流层观测使用电磁流量计，中层流和深层流观测使用直测海流计。

——浅层剖面测量方法。探查海底沉积地层用旁侧声呐扫描仪，回声测深仪（3.5 kHz）。

——其他重要测量方法。地震测量、地磁测量、测温、海底取样等。

（三）中国

1. 中国海洋地质调查的发展

1950年，我国提出建立海洋研究机构，开始进行海洋科学调查与研究。1956年，国务院科学规划委员会制定了《1956年至1967年国家重要科学技术任务规划及基础科学规划》，包括“中国海洋的综合调查及其开发方案”。李四光等科学家编制了12年海洋科学远景发展规划，任务是“中国近海综合调查及其开发”，第一次将我国海洋科学研究纳入国家科学技术开发的轨道，为我国后来的海洋调查事业奠定了坚实的基础。

1958年5月，我国第一艘海洋调查船“金星”号投入使用；同年9月，我国开展了“全国海洋综合调查”，并编绘了包括海洋地质在内的第一套海洋综合调查图；到1960年12月，共获得了1.4万余个站位的资料，范围包括了中国近海的全部海区，得到资料报表9.2万余份，样品1 000余件，图表3万多幅，调查报告8册，还出版了第一套海洋图集，其中包括海底沉积物、海底地形等地质方面的内容。

1959年，我国在南海北部近岸海域进行海洋综合调查，海洋调查工作至此在渤海、黄海、东海和南海全面展开。

1960年，全国海洋科学工作会议第一次召开，会议总结了10年来的海洋工作进展，提出了“发展海洋科技的八年设想”，并决定开始海岸带调查。1964 年，在全国开展海岸带调查工作由国务院批准进行，其中包括地貌、地质等内容。1966 年中止。

20 世纪 70 年代为我国海洋地质事业的起步发展时期，“文化大革命”开始后，海洋地质调查活动受到严重干扰。在这种情况下，我国海洋地质工作者千方百计地排除干扰，在黄海、东海、南海开展了以石油为主要目标的综合地质地球物理调查及勘探。这个阶段第一次在大陆架区开展了地质调查研究，勘探开发进入实质性阶段，调查重点转移到南海，并对中沙群岛和西沙群岛开始调查。

20 世纪 80 年代，我国海洋地质进入蓬勃发展时期。海洋工作的各个部门积极开展海洋调查，我国实施了一些重大的国家项目，国际合作项目增加，与国际交流学习更为频繁。技术更加先进，我国海洋地质调查工作与先进国家的水平差距在逐步缩小，除了合作的项目外，也有外国公司单独在我国海域进行调查，黄海勘探区内，美国和英国的公司等都进行了单独的勘探。这一时期，我国在海洋地质调查技术方面也在逐步提高，大量的先进仪器从国外引进，如海洋重力仪、单道地震、多道地震、卫星导航定位系统、数字地震仪等多种精密仪器。而后，又引进了当时最先进的多波束探测系统，为我国海洋地质调查工作达到国际先进水平提供了便利条件。

1981—1991 年，我国先后建立了南极和大洋考察研究管理机构，新建了大型海洋综合调查船和专业调查船，组织实施科技专项。1978—1984 年间，4 艘“向阳红”号远洋综合调查船、“科学 1”号海洋地球物理专业船建成并投入使用。到 1984 年，我国已拥有由 165 艘不同类型和用途船只组成的调查船队，船只数量居世界第四位。同年 11 月 20 日，我国科学调查船海军“J121”号和“向阳红 10”号船从上海出发，拉开了我国南极和南大洋考察的序幕。我国又相继建立了中国南极长城站、中山站和昆仑站三个科研基地，迄今，已进行 30 余次南极科学考察。1999 年，我国北极科学考察队进入北极圈进行了 3 次考察，并建立了黄河考察站。

“八五”科技攻关项目从 1990 年开始，1995 年结束。国家海洋局、地质矿产部等部门参加调查，调查区为南海马尼拉海沟北段、冲绳海槽和黄海南部海域等区域，内容为地球物理、地形地貌等项目，比例尺多为 1∶100 万，对大陆架和邻近海域资源进行评价。国家海洋局又于 1994 年在北部湾进行综合地质调查。这个阶段，我国加大对海洋勘查的研究力度，一些重大项目调查活动陆续展开。20 世纪 90 年代，我国开始了 1∶50 万大连幅海洋地质编图。2002 年实施了“我国海域 1∶100万海洋区域地质调查示范”项目，我国开始由自由分幅向国际标准分幅进行的海洋地质调查改变。直到 2008 年，我国全面实施海域 1∶100 万区域地质调查，并在2015年完成。

这一阶段，我国在海洋调查方面取得了一批科研成果，包括一系列的学术著作。如张宗祜院士的《中华人民共和国及毗邻海区第四纪地图》，刘光鼎院士的《中国海区及邻域地质地球物理系列图》，都是当时的代表著作。渤海、黄海、东海和南海海区相关研究有20多种海洋地学著作出版，在海洋调查、资源开发和海防等方面都取得了很大进步。海洋调查发展快于陆地调查，调查水平也趋于世界先进水平，基本满足了我国经济发展的需要。

2. 中国海洋地质调查技术

这些年来，从使用简单技术方法到自主研发技术设备，我国的海洋调查技术进步呈现跨越式发展。结构核子旋进式磁力仪、质子磁力梯度仪、重力仪等多种设备相继研制成功，在海洋地质调查方面发挥了重要的作用。在地震勘探方面我国具有了国际竞争能力，在海洋石油地球物探技术及资源评价方面达到了先进水平。我国还研制了可在2 m浅海作业的高分辨率浅地层剖面仪和走航式声学多普勒海流剖面仪等技术装备，在海洋调查领域应用广泛。另外，我国还自主研制了一些深海设备，也达到了国际水平。开发完成差分GPS导航定位系统、多波束测深系统和深拖侧扫视像系统，可完成1∶10万至1∶100万比例尺的海底地形图、三维立体图等编图技术，结束了我国不能绘制中比例尺、大比例尺海底地形图的历史。

我国在海洋地质调查方面取得了巨大的成绩，调查水平与先进国家水平差距也在逐渐缩小。但在一些方面，我国仍存在很多不足，在某些领域与国际先进水平国家仍有10~15年的差距，需要我们不断努力，继续提高我国的调查水平。

我国涉海的部门较多，主要部门和系统有：自然资源部、教育部、海军、交通部、中国科学院、中石化、中石油、中海油、农业农村部等。除农业农村部外，其他部门都涉足海洋地质工作，尽管侧重的方面有所不同，但因部门职能交叉和部门利益的驱动，存在着无序竞争的问题。各个部门因为不同的需要，分别用不同的仪器进行了不同标准的测量，致使技术不统一、利用目的不同，造成了严重的资源浪费现象。例如，水深测量，各个部门用了不同精度和型号的仪器，用了不同的技术方法，基准面、坐标系、投影等原则大不相同，导致编制的图件不同。这些图件只能各为己用，不能共同使用、借鉴。而搜集资料的不同，使编绘的各海区的地貌图等比例尺不同，也不能反映真实的情况。

我国目前出版的图件和报告小比例尺的比重较大。据有关资料统计，我国调查的海域面积75%都是1∶100万至1∶500万的小比例尺图，而大比例尺的图件不足25%。现在的海域划界和海洋主权权益需要我们拿出和别国同样精度的图件。因此，我国应该加大大比例尺图件的绘制范围和比重，这样才能满足我国海洋经济开发的需要，也能更好地维护我国的海洋权益。另外，我国相当大的一部分海域调查方面属于空白区，而一些调查区却重复调查，这不利于我国海洋调查的全面发展，应该把扩大调查海域面积提到日程上来。

3. 中国海洋地质调查国家标准

《海洋调查规范》系列国家标准（GB/T 12763—2007）由总则、海洋水文观测、海洋气象观测、海水化学要素调查、海洋声光要素调查、海洋生物调查、海洋调查资料交换、海洋地质地球物理调查、海底地形地貌调查、海洋工程地质调查和海洋生态调查指南共 11 个部分组成，由国家海洋局、中国地质调查局、中国气象局、中国地震局、农业农村部和教育部等 18 个单位、113 位各专业海洋学科高级研究人员共同努力完成，是海洋调查领域中最基础、最系统的国家标准。

GB/T 12763. 8—2007《海洋调查规范　第 8 部分：海洋地质地球物理调查》于 2007 年 8 月 13 日，由中华人民共和国国家质量监督检验检疫总局和中国国家标准化管理委员会发布，并于 2008 年 2 月 1 日正式实施。其内容包括“海底地形地貌调查”“海洋底质调查”“海底浅层结构探测”“海底热流测量”“海洋重力测量”“海洋地磁测量”“海洋地震调查”等，涵盖了海洋地质地球物理调查的各个领域，是我国目前重要的海洋地质调查标准。

三、海洋调查标准的选取和转化分析

（一）标准的选取

海洋地质和地球物理调查是海洋调查的重要组成部分，是针对海底底质沉积物和地形地貌特征等开展的调查，目的在于揭示沉积物类型、组成、分布和地貌、地层组成等特征。为认识海底特征提供第一手资料，服务于海上航行安全、资源勘查，并为揭示地质地球物理重大科学问题提供素材。合理、统一的标准规范有利于不同调查和研究成果的对比分析，同时将同一领域不同调查纳入同一规范化标准下，便于数据和成果的管理和共享。目前，由于海洋调查和研究水平的差异，世界各国采用不同的调查标准。标准的不统一在一定程度上制约了不同国家、不同区域调查结果和成果的比对，从而影响调查和研究的准确性。在我国重视海洋调查、管理和开发，迈出国门走向大洋、志在建设海洋强国的大背景下，建立统一完善的海洋调查标准，并将之在国外进行转化，应用到国际合作乃至其他国家独立海洋调查中去，不仅可以保证数据的可比性，而且对于实现我国海洋调查和研究从追赶到超越并领先，具有十分重要的现实意义。

GB/T 12763. 8—2007《海洋调查规范　第 8 部分：海洋地质地球物理调查》已经成为指导我国开展近海海洋地质和地球物理调查的重要标准，且在实践中逐步完善，不断改进，经受住了实际检验，在国际合作中具备指导联合开展海洋地质和海洋地球物理调查的能力。因此，选择该标准与海洋调查能力相对薄弱的东南亚国家开展国际合作，能很好地满足实际工作需求。

（二）标准适用性分析

21 世纪是海洋的世纪，调查海洋、经略海洋、开发海洋已成为各国共识，且时不我待，各国对此有强烈的需求。从目前国际海洋地质和地球物理调查来看，众多国家特别是东南亚和非洲各国海洋调查能力十分薄弱，标准文件更是匮乏，现有标准杂而不同，缺陷明显。在此情况下，我国系统完整、具有较强科学性和适用性的 GB/T 12763. 8—2007《海洋调查规范 第 8 部分：海洋地质地球物理调查》，可以较好地满足目标国家的实际调查需求，保障实际调查工作规范有序开展。

在技术上，该标准将外业调查与内业测试相结合。一方面，将外业调查的各项内容纳入统一化的标准轨道，使得不同调查任务，如悬浮体调查、表层沉积物和柱样沉积物调查、现场化学测试等调查科目遵循统一标准；另一方面，又对实验室测试分析的各项程序做了规定，符合目前该领域研究的处理分析需求，按照标准要求进行数据处理分析和资料整理归档，达到为后期分析和研究服务的基本目的，且取得良好效果。

经过调研泰国海洋调查状况，通过分析可知，GB/T 12763. 8—2007《海洋调查规范　第 8 部分：海洋地质地球物理调查》在中-泰联合海洋调查中应该有十分广阔的推广应用前景，可以满足实际工作需求，具备良好的技术适用性。

（三）市场竞争能力预测

从目前国际海洋调查标准进展情况来看，欧美国家和日本海洋调查能力居于相对领先地位。作为全球面积最大的大洲，亚洲拥有全球最长的海岸线，跨越北冰洋、太平洋和印度洋三大洋，拥有全球最宽广的大陆边缘，覆盖从近海向深海的广阔海域。然而，由于受整体海洋调查研究水平的制约，亚洲众多国家海洋调查水平低、标准杂，所获取数据资料难以统一到同一标准下，甚至很多国家尚无国内统一的海洋调查标准。基于此，GB/T 12763. 8—2007《海洋调查规范 第 8 部分：海洋地质地球物理调查》标准可以为亚洲大部分国家海洋调查提供统一标准，提高亚洲海洋地质和地球物理调查的整体水平和规范性。从实践来看，众多亚洲国家如印度尼西亚、马来西亚、泰国和柬埔寨等国家对该标准持欢迎态度，且该标准已应用于实际海洋调查合作中，取得了良好的效果，在以上海区具备很强的可操作性，为未来向全球其他海域的推广可以提供良好的范例，具有广阔的推广应用前景。

四、海洋调查标准在泰国的转化和应用

（一）基本情况

在泰国的 GB/T 12763. 8—2007《海洋调查规范 第 8 部分：海洋地质地球物理调查》标准转化由自然资源部第一海洋研究所牵头实施，与泰国普吉海洋生物中心合作完成，属于国际合作调查研究项目。2018 年 1—3 月双方组织联合调查航次，开展孟加拉湾海底底质调查，所使用调查船为东南亚海洋与渔业研发中心的“*M. V. SEAFDEC*”号调查船。调查内容包括表层沉积物采样、柱状沉积物采样、悬浮体采样和现场观测、大型和小型底栖生物采样、时间序列沉积物捕获器施放等，共完成调查站位 99 个，工作时间 55 天。具体工作在 GB/T 12763. 8—2007 指导下由双方共同完成。

（二）标准转化应用方案

GB/T 12763. 8—2007《海洋调查规范 第 8 部分：海洋地质地球物理调查》标准在中-泰孟加拉湾海洋地质联合调查研究中的主要应用方案分为以下四部分：

（1）合同/协议签订，明确标准在调查研究中的指导地位；

（2）在遵循调查标准的前提下，制定调查方案，实施调查，获取第一手调查资料；

（3）按照标准要求，制定测试分析方案，展开样品测试分析工作，获取测试数据，按要求处理、分析并整理归档；

（4）开展中-泰合作研究及交流研讨会，探讨标准进一步推广应用的内容和形式。

（三）实际应用情况

GB/T 12763. 8—2007《海洋调查规范　第 8 部分：海洋地质地球物理调查》标准在中-泰孟加拉湾海洋地质联合调查研究项目执行过程中按照设计方案逐步推进，顺利完成了标准指导地位的确立、在调查和测试分析中的执行、研讨等各个环节。

1. 在合同/协议中明确标准的指导地位

在中-泰孟加拉湾海洋地质联合调查研究项目确立合作关系之初，即在合同中明确该项目将按照 GB/T 12763.8—2007《海洋调查规范 第 8 部分：海洋地质地球物理调查》标准执行，并签订补充协议。明确合作细节，包括外业调查内容（表层沉积物采样、柱状沉积物采样、悬浮体采样和现场观测、大型和小型底栖生物采样、时间序列沉积物捕获器施放等）、内业分析测试（粒度测试分析、常微量元素测试分析、稀土元素测试分析、黏土矿物测试分析、有机碳氮测试分析、悬浮体浓度、悬浮体有机碳氮测试分析、碎屑矿物鉴定、有孔虫种属鉴定等）和交流研讨、资料共享及成果发表等内容。

2. 标准在外业调查和内业分析测试中的执行情况

（1）技术设计。在项目调查执行之前，按照标准规定进行了技术设计，包括任务目的和要求、设计依据（任务书要求、调查海域以往工作概况、调查区及临区地质、地球物理基本特征等）、调查船、仪器、调查比例尺与测线、测网布设、工作量、基本方法、技术要求与措施、外业和内业安排及进度计划、预期成果与调查报告内容、项目人员组成、分工与协作、经费概算等。

（2）调查方法与内容。根据标准要求，结合调查海域实际情况，确定采用定点观测方法，包括表层沉积物采样、柱状沉积物采样、悬浮体采样和现场观测、大型和小型底栖生物采样、时间序列沉积物捕获器施放等内容，并保证各项调查满足标准规定的准确度要求。具体情况为：每到一站点，底质取样前先测水深，再表层采样，之后进行柱状采样（图 2.1）。进行两次定位操作，调查船到站和采样器到达海底时各测定一次船位，样品采集尽量保证原始状态，避免人为扰动。每一站完成定位、测水深、采样和现场描述等工作。

（3）内业分析测试。双方协商约定，外业调查所取得的沉积物样品在自然资源部第一海洋研究所完成室内测试分析，所有样品处理方法、测试分析流程和规范均按照标准要求进行。

3. 标准在资料整理、数据处理分析及资料归档中的应用

（1）调查资料的整理、测试数据分析与处理。按照标准要求分门别类整理调查资料，保证齐全性和准确性；测试分析数据按照标准要求建立责任制度，明确测试人和审核人等信息，规范责任人签名；分析、计算的成果报表按 GB/T 12763.8 第 10 章的规定填报；成果图件编绘包含了图名、比例尺、经纬度坐标、主要地物、图

图 2.1　中-泰孟加拉湾海洋地质联合调查航次柱状沉积物采集

例、图的编号和必要的说明、责任表等。责任表包括编图单位、编图者、清绘者、技术负责人，以及资料来源、编绘和出版日期等。数据后期分析处理根据标准要求，并结合实际研究需要，规范作图，严谨分析，在数据处理和图件绘制按照标准完成的情况下，完成研究报告的编写。

（2）资料归档。按照双方约定，在完成项目各项任务的情况下，将所有资料按照标准要求进行存档，包括：

①调查任务书，或合同书、委托书等；

②课题论证报告、技术设计、方案报告及其审批意见；

③课题调查实施计划、站位表、测线布设图等；

④调查、实验、测试分析等原始记录；

⑤计算、分析整理的成果数据报表及说明；

⑥各种图表、图件（包括底图）、照片及文字说明；

⑦航次报告、专题总结报告；

⑧调查报告及成果鉴定、审议书；

⑨课题成员及经费结算表。

4. 关于标准推广应用的进一步探讨

随着项目的顺利推进，GB/T 12763.8—2007《海洋调查规范　第 8 部分：海洋地质地球物理调查》标准在中-泰孟加拉湾海洋地质联合调查研究中的成功应用为日后标准进一步走出国门、全面参与并指导中外海洋合作调查及他国独立海洋地质调查提供了良好的应用范例。基于此，双方通过双边研讨会的形式，对标准在应用过程中的问题、经验及进一步推广应用展开讨论，并一致同意将此标准作为今后双方海洋地质和地球物理调查的指导性标准文件。

（四）应用情况评述

本项目在执行过程中，各环节均贯彻执行 GB/T 12763. 8—2007《海洋调查规范　第 8 部分：海洋地质地球物理调查》标准要求，助力调查研究的规范化，提高调查资料的质量，推进科学研究材料和数据的可靠性。总体而言，标准在应用过程中有以下几个特点。

1. 指导地位的官方化

中-泰孟加拉湾海洋地质联合调查研究作为国际合作项目，执行过程严格按照双方合同/协议要求进行。将该标准作为指导性文件写入官方合同/协议，从而明确了其指导地位。

2. 贯彻执行的严格化

秉持严谨的科学调查和研究态度，在项目执行的各个环节，全面、严格贯彻执行标准要求，保证各个环节的标准性、科学性，从而最大限度地保障项目达到预期目标。

3. 推广应用的持续化

中-泰孟加拉湾海洋地质联合调查研究为该标准在国外的转化进行了一次成功尝试，项目组成员及时总结应用经验及存在的问题，并与外方通过双边探讨的形式，约定今后合作调查均使用该标准，并向更多的国家和地区推广应用。

总之，GB/T 12763. 8—2007《海洋调查规范　第 8 部分：海洋地质地球物理调查》在中-泰孟加拉湾海洋地质联合调查研究项目中发挥了重要的理论和技术指导作用，保证了项目的顺利实施和实际效果。在应用过程中，签订合同/协议-具体实践（包括野外调查、内业测试分析、数据处理和资料整理归档等）-双边研讨、分析总结，形成了一套完整的应用思路，且在实践过程中证明切实可行，为后续调查研究，以及向其他国家和地区持续推广应用提供了良好范例，达到了预设目标，为下一步更为广泛的推广使用奠定了良好的基础。

第三章 海水淡化标准在印度尼西亚的应用

一、印度尼西亚国家标准化研究

（一）简介

印度尼西亚国家标准（Standard National Indonesia，简称 SNI），是唯一在印度尼西亚（以下简称印尼）国内适用的标准，由印度尼西亚技术委员会制定并由国家标准化署定义。截至 2010 年，印尼工业部已经发布了 53 种强制性工业标准，涉及汽车及摩托车零部件、家电、建材、电缆等领域。未通过国家标准认证之产品将予以禁售，已流入市面之产品将予以强制下架撤出。所有出口到印尼的管制产品都必须有 SNI 标志，否则不能进入印尼市场。

（二）印尼国家标准申请条件

（1）申请公司在印尼要有法定代理人。
（2）申请商标需在印尼当地注册。
（3）公司需有 ISO 9001 或类似体系认证。

（三）印尼标准化组织研究

印尼的标准化主管部门是印度尼西亚国家标准化署（National Standardization Board，简称 BSN），其由 2001 年第 103 号总统法令批准成立，属于非政府机构。其主要职责是发展和促进印度尼西亚的标准化。

BSN 主要负责起草、制定、颁布、实施和协调 SNI 国家技术标准并采取以下措施确保 SNI 技术标准在国内的地位：将 SNI 技术标准编入技术法规；其他标准化机构、政府部门和国家认证认可委员会配合 BSN 完善 SNI 技术标准；组建印度尼西亚标准协会促进 SNI 的应用。

BSN 所有关于认可和认证的活动都是由印度尼西亚国家认可委员会（National Accreditation Committee of Indonesia，简称 KAN）执行。KAN 的主要任务是认可认证机构（比如，质量体系、产品、公司、培训、环境管理体系、HACCP 体系、森林保护管理体系）、实验室和其他符合要求的认证监管认可机构，并协助印度尼西亚国家标准总局建立和完善认可和认证体系。KAN 被授权根据 BSN 评估认证申请来指导所有政府和非政府机构进行认证。KAN 也负责对其认可的实验室和认证机构颁发的证书进行国际认可。

KAN 认可的认证机构会负责处理国内厂家认证申请，审核所有申请文件，对产品样品进行测试并审核相关测试报告。印尼与中国还没有互认协议（Mutual Recognition Agreement，简称 MRA），所以不认可中国国内实验室对产品的测试，测试也就不能在中国国内实验室进行。

（四）印尼标准化战略

印尼主要标准化战略包括：

（1）重新组建印尼国家标准化署（BSN）；

（2）组建新的印度尼西亚标准协会；

（3）通过 MASTAN 扩大国内有关部门对标准化工作的参与；

（4）对现有的印尼国家 SNI 技术标准进行修订，促进 SNI 采用国际标准，以提高印尼国家标准 SNI 技术标准水平；

（5）参与东盟成员国“技术标准协调（一致性）”计划，代表印尼参与国际标准化活动；

（6）设立印尼国家标准 SNI 标准技术委员会，促进印尼国家标准技术标准的发展。

（五）印尼相关法律法规研究

印尼主要贸易投资管理机构为贸易部和国家投资协调署。贸易部是政府贸易的主管部门，其职能包括制定外贸政策、参与外贸法规的制定、划分进出口产品管理类别、进口许可证的申请管理、指定进口商和分派配额、参与解决贸易纠纷及反倾销事务等。投资协调署是主要的投资管理机构，直接对总统负责。其主要职责是评估和制定国家投资政策协调和促进外国投资。

印尼与贸易有关的法律主要是《贸易法》《海关法》《建立世界贸易组织法》《产业法》，其他还涉及法律有《国库法》《禁止垄断行为法》和《不正当贸易竞争法》。印尼与投资有关的法律主要是《投资法》。对于基础设施建设，印尼政府鼓励以 PPP 的模式建设，并提供相应的政策支持。

（六）印尼相关政策研究

1. 市场准入条件

印尼投资领域的法律法规规定了外资投资进入的领域和条件。其中，与承包工程相关的规定为：凡要求参加由外国提供资金援助的政府项目、外国和本国投资的项目以及私人投资项目的外国承包商，必须在印尼成立代表处并与印尼公司合营，或就具体项目进行投资与合作，成立外国资本投资公司。凡有工程承包业务的外国代表处，其印尼合营伙伴必须是具有“A”级资格的印尼承包商协会或印尼承包商联合会成员。印尼有条件地开放外商合资公司对港口建设和运营，电力的生产、传输、分配，海运处理和供应公用饮用水，原子能工厂，医疗服务，基础电信，定期或非定期的航线等8类行业的投资。

2. 对外国投资者的优惠政策

2007年3月，印尼国会批准政府方案，决定对国内外投资商给予5项优惠条件：

（1）在特定期限内（因地区而异）减免公司所得税；

（2）对本国尚未能生产的工业所需货物、机器或工具，减免进口税；

（3）对工业所需的原料或补助原料，在特定期限与条件内减免进口税；

（4）对本国尚未能生产的工业所需货物、机器或工具，不论是进口或赠品，在特定期限内都将免交或缓交增值税；

（5）对在特定地区经营特定行业的企业给予减轻土地与建筑物税、地方税与行政服务费。

3. 施工设备进口税务优惠政策

印尼对在境内的外资企业的施工设备进口给予一定的税收优惠。具体如下：

（1）企业（包括内资与外资企业）为了生产类似产品或增加产品种类而将生产规模扩大30%以上，设备进口将会获关税减免；

（2）进口生产所需的资本货物如机械、仪器、零件、附件等，自减免税同意书签发日起算，对进口生产期限为2年的产品所需的原材料和配件，进口税可减至5%，对于进口税价目中的进口税为5%以下的货物，则按进口税目表的规定征收。

4. 保税区和综合经济发展区的优惠政策

为发展某些区域的经济建设，印尼政府已开辟出几个综合经济发展区。在这些区域的投资者，可获以下优惠措施：

（1）给予 30%的投资补助；

（2）加速折旧和摊提；

（3）亏损结转可延长 10 年；

（4）降低股息税。

印尼现有 10 多个保税区。保税区内设立的企业，可享受进口关税、进口货物税、扣缴税及国内货物税等各项税收的减免优惠待遇。对于进口生产过程中所需要的资本货物、设备和原料可免进口税、所得税以及奢侈品的增值税。

5. 其他优惠政策

印尼政府努力降低外商在印尼投资所需的审批时间和成本。在新的投资便利方案中，印尼政府简化了营业手续、营业准字、房地产注册、税务缴纳、进出口手续和合同纠纷解决 6 项投资手续。

二、印尼和中国海水淡化标准化对比研究

（一）印尼海水淡化发展基本概况

1. 建设规模

截至 2017 年 8 月，印尼已建海水淡化工程 87 座，总规模 $33.0\times10^4\ m^3/d$，在已建海水淡化工程中，反渗透技术占工程规模的 66%，低温多效技术和多级闪蒸技术各占 17%。工程规模主要集中在千吨级左右，千吨级工程在数量上占 61%（表 3.1 和图 3.1）。

表 3.1 印度尼西亚海水淡化工程规模分布情况

工程规模区间	工程数量			
	低温多效	多级闪蒸	反渗透	总计
10 000 m^3/d 以上	0	1	6	7
5 000~10 000 m^3/d	6	2	9	17
1 000~5 000 m^3/d	8	7	21	36
100~1 000 m^3/d	2	1	20	23
100 m^3/d 以下	0	0	4	4
总计	16	11	60	87

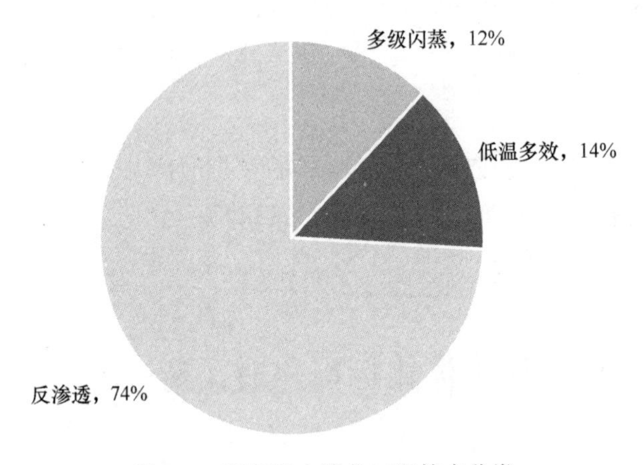

图 3.1 印尼海水淡化工程技术分类

在印尼已建项目中，最大低温多效海水淡化工程为我国建造的2×4 500 m^3/d 的英德拉玛尤电站淡化工程，位于爪哇岛的英德拉玛尤；最大多级闪蒸海水淡化工程为2014年投入运行的3×9 000 m^3/d 的芝拉扎 RFCC 工程，位于爪哇岛芝拉扎；最大反渗透海水淡化工程为2009年投入运营的2×11.5×10^4 m^3/d 的苏门答腊 Utara Medan Baru 工程，位于苏门答腊岛的棉兰。

2. 淡化水用途

在印尼，海水淡化产水主要用于工业，占47%，主要包括冶炼化工、油气、食品包装等，其余为电站、市政、旅游和军事等用水（图 3.2）。

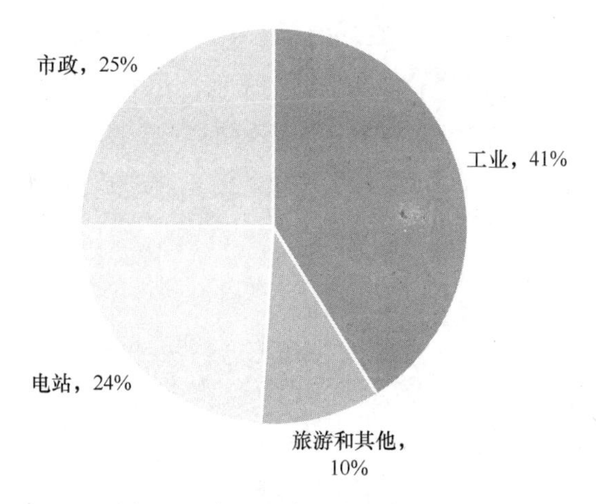

图 3.2 印尼海水淡化厂产水用途

3. 工程分布

印尼的海水淡化厂主要分布在爪哇岛和苏门答腊岛上，其次是加里曼丹岛和苏拉威西岛，其他岛屿也有少量应用（图 3.3）。

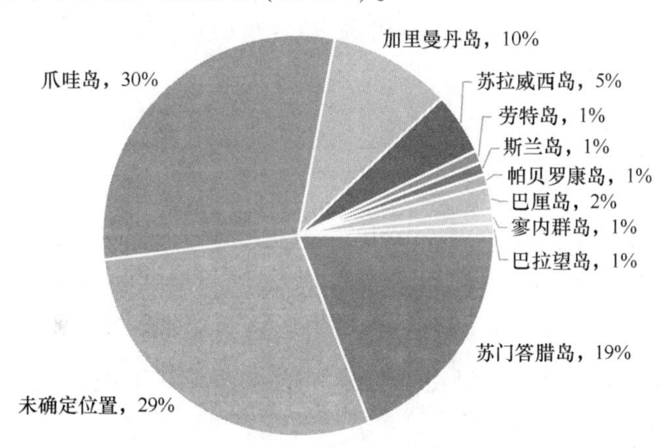

图 3.3 印尼海水淡化工程在各个岛屿的分布情况

（二）中国海水淡化发展基本概况

1. 建设规模

根据《2016 年全国海水利用报告》统计，截至 2016 年年底，中国（不含港、澳台地区）已建成海水淡化工程 131 个，产水规模达到 118.81×10^4 t/d，较 2015 年增加 17.76%，如图 3.5 所示。其中，2016 年国内新建成海水淡化工程 10 个，新增工程的产水规模共计 17.92×10⁴ t/d。图 3.5 显示，尽管国内海水淡化市场相对增长较快，但产水规模总量仅约占全球淡化总量的 1.3%，总体产能规模仍然较小。而根据我国目前的缺水现状，国内海水淡化市场仍具有较大的发展空间。

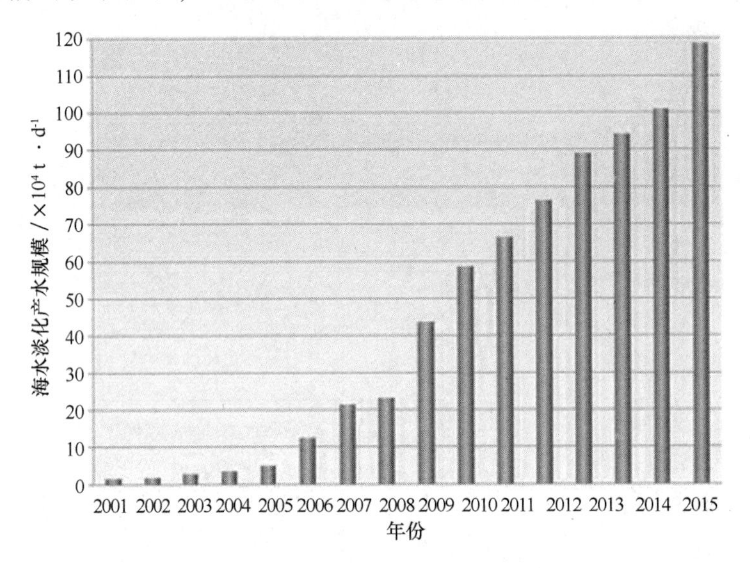

图 3.4　中国海水淡化工程规模增长情况

2. 技术应用

反渗透和多效蒸馏是中国海水淡化的主流技术，其中反渗透海水淡化工程有 112 个，产水规模 81.3×10^4 t/d，占国内海水淡化总量的 68.4%；多效蒸馏海水淡化工程有 16 个，产水规模 36.9×10^4 t/d，占国内海水淡化总量的 31.1%。国内规模最大的多效蒸馏和反渗透海水淡化工程分别达到 20×10^4 t/d 和 10×10^4 t/d，相关技术达到或接近国际先进水平。

我国已建成万吨级以上海水淡化工程 36 个，产水规模 105.96×10^4 t/d；千吨级以上、万吨级以下海水淡化工程 38 个，产水规模 11.75×10^4 t/d；千吨级以下海水淡化工程 57 个，产水规模 1.09×10^4 t/d。根据上述数据可以得出，万吨级以上海水淡化工程规模占据市场总量的 89.2%，构成了国内海水淡化的市场主体。上述情况也与国际海水淡化工程规模大型化趋势相一致。

3. 工程分布

我国海水淡化工程主要集中在天津、山东、辽宁、河北、浙江、福建和海南等

9个沿海缺水省（直辖市）。其中，北方以大规模的工业用海水淡化工程为主，主要集中在天津、山东、河北等地电力、钢铁等高耗水行业；南方以民用海岛海水淡化工程居多，主要分布在浙江、海南等地，以百吨级和千吨级工程为主。

我国在未来将进一步扩大产业园区海水淡化的产能规模，在新建或在建沿海产业园区中规划建设大型海水淡化工程，并配套建设输送管网，向园区内企业供应不同品质的淡化水，实现园区内供水自给自足。此外，随着我国“一带一路”倡议和“海洋强国”战略的实施，远洋船舶、海上平台、港口建设、海岛开发等方面对海水淡化需求日益迫切，海水淡化在上述场合和地区也必将发挥更加重要的基础保障作用。

（三）印尼海水淡化基本政策

目前，印尼政府虽然对海水淡化尚未专门出台相关政策，但对于供水行业的基础设施建设，印尼政府给予了一定的优惠政策。例如，2014年第39号总统条例中指出，商业领域目录水厂投资外资比例可达到95%，供水管网投资外资比例可达到67%；2011年第52号政府条例修订案特定领域投资的减免税办法中指出，外商投资所得税可享受6年内5%的优惠税率（正常情况下为30%）；财政部条例关于投资范围内工业建设/发展所用机械及物资进口关税豁免条款中指出，只要满足以下条件，进口关税豁免：尚未在国内生产；在国内生产，但不符合相关规格或已在国内生产，但尚未满足行业需求量；此外，2008年政府法规第45号也提出一些鼓励措施，包括减免地方所得税等。

（四）我国海水淡化基本政策

1.“十二五”时期

我国政府高度重视海水淡化工作，采取了一系列措施推动海水淡化产业发展，使我国海水淡化产业发展迅速。到“十一五”末期，已建成海水淡化装置70多套，设计产能$60\times10^4\ m^3/d$，年均增长率超过60%；具有自主知识产权的技术取得突破性进展，反渗透海水膜、高压泵、能量回收装置等取得明显进步，脱盐率由99.2%提高到99.7%以上；产业发展已具备条件，海水淡化市场已基本形成。

为了促进海水淡化产业的进一步发展，国家发展改革委组织编制了《海水淡化产业发展“十二五”规划》，提出了提高海水淡化产能、完善海水淡化产业体系、增强海水淡化竞争力的发展目标。随后，国家发展改革委印发了《关于公布海水淡化产业发展试点单位名单（第一批）的通知》，多个城市、工业园区及海岛等入选。这是2012年底国家出台《海水淡化产业“十二五”发展规划》后的首个配套政策。此次入选第一批名单的城市和海岛等均在着力打造海洋经济，预示着海水淡化将借力海洋经济而进入投资加速阶段。

2. “十三五”时期

2016年，我国《国民经济和社会发展第十三个五年发展规划纲要》发布，明确提出“推动海水淡化规模化应用”。同年，国家发展改革委和国家海洋局联合发布《全国海水利用“十三五”规划》，从国家层面出台发布了海水利用的专项规划，为我国海水淡化指明了发展方向。规划提出了“到2020年，海水利用实现规模化应用，自主海水利用核心技术、材料和关键装备实现产品系列化，产业链条日趋完备，培育若干具有国际竞争力的龙头企业，标准体系进一步健全，政策与机制更加完善，国际竞争力显著提升”的总体目标。同时，规划还提出到“十三五”末，全国海水淡化总规模达到 220×10^4 t/d以上。沿海城市新增海水淡化规模 105×10^4 t/d以上，海岛地区新增海水淡化规模 14×10^4 t/d以上。海水直接利用规模达到 $1\,400\times10^8$ t/a以上，海水循环冷却规模达到 200×10^4 t/h以上。新增苦咸水淡化规模达到 100×10^4 t/d以上。海水淡化装备自主创新率达到80%及以上，自主技术国内市场占有率达到70%以上，国际市场占有率提升10%。

不仅如此，海水淡化还被列入了科技、节水等多项国家级重要规划中，包括《“十三五”国家科技创新规划》《全民节水行动计划》《全国科技兴海规划（2016—2020年）》《全国海洋经济发展“十三五”规划》《工业绿色发展规划（2016—2020年）》等国家政策规划。

（五）中国-印尼海水淡化标准对比情况

近年来，国家海洋局和自然资源部先后作为全国海洋标准化工作的行政主管部门负责海洋标准化事务的行政管理工作，全国海洋标准化技术委员会负责全国海洋标准化技术归口管理工作。近20年以来，随着我国海水淡化事业的蓬勃发展，海水淡化行业标准化工作逐渐受到国家有关部门的重视。2006年，国家标准委、国家海洋局等部门联合发布了《海水利用标准发展计划》，并将海水淡化标准作为重要内容列入《标准化“十一五”发展规划纲要》。随后，国家标准委又陆续发布了《2005—2007年资源节约与综合利用标准发展计划》《2008—2009年资源节约与综合利用标准制修订计划》等海水淡化标准制修订计划。通过上述一系列标准计划的实施，我国海水淡化标准体系的构建思路逐渐清晰。

随着我国海水淡化产业的发展，目前已发布了一批海水淡化国家标准、行业标准和地方标准。我国现行有效的79项海水淡化标准（表3.2），其中，国家标准9项、国家军用标准4项、行业标准65项，以及地方标准1项。行业标准主要为海洋行业标准，兼有船舶、环境保护和城镇建设等行业标准。这些海水淡化标准的编制和发布对我国的海水淡化产业发展起到了重要的基础性作用，为新产品研发、技术提升提供了有力的技术支撑和保障，有利于推进我国海水利用事业的大发展。

表3.2 我国现行有效海水淡化标准清单

序号	标准名称	标准号	级别
1	《海水淡化装置用铜合金无缝管》	GB/T 23609—2009	国家标准
2	《多效蒸馏海水淡化装置通用技术要求》	GB/T 33542—2017	国家标准
3	《火力发电厂海水淡化工程设计规范》	GB/T 50619—2010	国家标准
4	《反渗透水处理设备》	GB/T 19249—2003	国家标准
5	《膜组件及装置型号命名》	GB/T 20502—2006	国家标准
6	《反渗透系统膜元件清洗技术规范》	GB/T 23954—2009	国家标准
7	《中空纤维帘式膜组件》	GB/T 25279—2010	国家标准
8	《海水综合利用工程环境影响评价技术导则》	GB/T 22413—2008	国家标准
9	《膜分离技术术语》	GB/T 20103—2006	国家标准
10	《船舰用反渗透海水淡化装置规范》	GJB 5454—2005	国家军用标准
11	《水面战斗船舰系泊和航行试验规程　海水淡化装置试验》	GJB 350. 34—1987	国家军用标准
12	《水面船舰系泊和航行试验规程第160部分：海水淡化装置试验》	GJB 6850. 160—2009	国家军用标准
13	《舰船海水淡化装置通用规范》	GJB 4064—2000	国家军用标准
14	《MFA01型反渗透海水淡化装置修理技术要求》	HJB 401—2007	海军标准
15	《电渗析技术异相离子交换膜》	HY/T 034. 2—1994	海洋行业标准
16	《电渗析技术电渗析器》	HY/T 034. 3—1994	海洋行业标准
17	《电渗析技术脱盐方法》	HY/T 034-4—1994	海洋行业标准
18	《电渗析技术用于锅炉给水的处理要求》	HY/T 034. 5—1994	海洋行业标准
19	《GTL-D型膜孔径测定仪》	HY/T 038—1995	海洋行业标准
20	《微孔滤膜孔性能测定方法》	HY/T 039—1995	海洋行业标准
21	《中空纤维反渗透膜测试方法》	HY/T 049—1999	海洋行业标准
22	《中空纤维超滤膜测试方法》	HY/T 050—1999	海洋行业标准
23	《中空纤维微孔滤膜测试方法》	HY/T 051—1999	海洋行业标准
24	《微孔滤膜》	HY/T 053—2001	海洋行业标准
25	《中空纤维反渗透技术　中空纤维反渗透组件》	HY/T 054. 1—2001	海洋行业标准
26	《中空纤维反渗透技术　中空纤维反渗透组件测试方法》	HY/T 054. 2—2001	海洋行业标准
27	《折叠筒式微孔膜多滤芯》	HY/T 055—2001	海洋行业标准

续表

序号	标准名称	标准号	级别
28	《中空纤维超滤装置》	HY/T 060—2002	海洋行业标准
29	《管式陶瓷微孔滤膜元件》	HY/T 063—2002	海洋行业标准
30	《管式陶瓷微孔滤膜测试方法》	HY/T 064—2002	海洋行业标准
31	《聚偏氟乙烯微孔滤膜》	HY/T 065—2002	海洋行业标准
32	《聚偏氟乙烯微孔滤膜折叠式过滤器》	HY/T 066—2002	海洋行业标准
33	《水处理用玻璃钢罐》	HY/T 067—2002	海洋行业标准
34	《饮用纯净水制备系统 SRO 系列反渗透设备》	HY/T 068—2002	海洋行业标准
35	《中空纤维微滤膜组件》	HY/T 061—2002	海洋行业标准
36	《中空纤维超滤膜组件》	HY/T 062—2003	海洋行业标准
37	《卷式超滤技术平板超滤膜》	HY/T 072—2003	海洋行业标准
38	《卷式超滤技术卷式超滤膜元件》	HY/T 073—2003	海洋行业标准
39	《膜法水处理反渗透海水淡化工程设计规范》	HY/T 074—2003	海洋行业标准
40	《多效蒸馏海水淡化装置通用技术要求》	HY/T 106—2008	海洋行业标准
41	《反渗透用能量回收装置》	HY/T 108—2008	海洋行业标准
42	《反渗透用高压泵技术要求》	HY/T 109—2008	海洋行业标准
43	《聚丙烯中空纤维微孔膜》	HY/T 110—2008	海洋行业标准
44	《超滤膜及其组件》	HY/T 112—2008	海洋行业标准
45	《纳滤膜及其元件》	HY/T 113—2008	海洋行业标准
46	《纳滤装置》	HY/T 114—2008	海洋行业标准
47	《蒸馏法海水淡化蒸汽喷射装置通用技术要求》	HY/T 116—2008	海洋行业标准
48	《卷式反渗透膜组件测试方法》	HY/T 108—2008	海洋行业标准
49	《蒸馏法海水淡化工程设计规范》	HY/T 115—2008	海洋行业标准
50	《中空纤维微孔滤膜装置》	HY/T 103—2008	海洋行业标准
51	《陶瓷微孔滤膜组件》	HY/T 104—2008	海洋行业标准
52	《中空纤维膜 N_2-H_2 分离器》	HY/T 105—2008	海洋行业标准
53	《电去离子膜堆（组件）》	HY/T 120—2008	海洋行业标准
54	《海水综合利用工程废水排放海域水质影响评价方法》	HY/T 129—2010	海洋行业标准
55	《海水淡化膜用阻垢剂阻垢性能的测定　人工浓海水碳酸钙沉积法》	HY/T 198—2015	海洋行业标准
56	《移动式反渗透淡化装置》	HY/T 211—2016	海洋行业标准
57	《反渗透膜亲水性测试方法》	HY/T 212—2016	海洋行业标准
58	《中空纤维超/微滤膜断裂拉伸强度测定方法》	HY/T 213—2016	海洋行业标准
59	《海水淡化水源地保护区划分技术规范》	HY/T 220—2017	海洋行业标准
60	《超滤膜性能检测方法　第 1 部分：总则》	HY/T 233—2018	海洋行业标准
61	《海水制取氢氧化镁工艺设计规范》	HY/T 239—2018	海洋行业标准

续表

序号	标准名称	标准号	级别
62	《海水淡化浓海水排放中卤代有机物的测定　气相色谱法》	HY/T 242—2018	海洋行业标准
63	《海水淡化装置能量消耗测试方法》	HY/T 245—2018	海洋行业标准
64	《海岛反渗透海水淡化装置》	HY/T 246—2018	海洋行业标准
65	《海水淡化产品水水质要求》	HY/T 247—2018	海洋行业标准
66	《喷淋式海水淡化装置》	CB/T 3803—2005	船舶行业标准
67	《反渗透海水淡化装置》	CB/T 3753—1995	船舶行业标准
68	《管式海水淡化装置》	CB/T 841—1999	船舶行业标准
69	《板式海水淡化装置规范》	CB 1397—2008	船舶行业标准
70	《超滤装置》	HJ/T 271—2006	环境保护行业标准
71	《反渗透水处理装置》	HJ/T 270—2006	环境保护行业标准
72	《反渗透水处理设备》	CJ/T 119—2000	城镇建设行业标准
73	《微滤水处理设备》	CJ/T 169—2002	城镇建设行业标准
74	《超滤水处理设备》	CJ/T 170—2002	城镇建设行业标准
75	《反渗透水处理装置用玻璃纤维增强塑料压力壳体》	CJ 692—1998	城镇建设行业标准
76	《钢铁行业海水淡化技术规范第 1 部分：低温多效蒸馏法》	YB/T 4256. 1—2012	冶金行业标准
77	《常压堆海水淡化厂设计准则（一）》	HFB J0086—2003	核安全行业标准
78	《火电厂反渗透水处理装置验收导则》	DL/T 951—2005	电力行业标准
79	《火力发电厂反渗透海水淡化装置设计导则》	DB37/T 1177—2009	地方标准

据不完全统计，印度尼西亚目前已建成的海水淡化工程为 87 座，总规模仅为 33.0×10^4 t/d，而中国已建成海水淡化工程为 131 个，产水规模 118.81×10^4 t/d。两国在海水淡化产业化方面存在较大差距，中国除了在装机规模和工程数量上远高于印尼之外，从事海水淡化相关产业的企业数量、上下游供应链、技术研发水平、设备国产化程度等方面也远超印尼。印尼国内目前尚无专门从事海水淡化的工程公司和研发机构，设备完全依赖国外进口，因此，印尼在海水淡化工程设计、原材料、产品性能、运行维护等方面尚无标准可言。而中国海水淡化产业已初具规模，初步形成了海水淡化标准体系，并且随着产业规模不断扩大、产业链不断延伸，标准体系在不断扩充和完善。

综上所述，印尼尚未形成海水淡化的产业化能力，海水淡化工程施工及设备进口完全依赖于国外公司；而中国海水淡化产业已初具规模，标准化建设水平更明显领先于印尼，完全具备向印尼转化海水淡化标准的优势和能力。

三、中国海水淡化标准在印尼应用情况

中国海水淡化企业已成功进入印尼市场。在工程建设过程中，中国企业在将工程技术和设备产品带入印尼国内的同时，也将中国海水淡化相关标准在印尼工程中不断推广应用，从而为我国海水淡化后续产品出口和技术对接奠定了良好基础。

（一）英德拉玛尤 2×4 500 t/d 多效蒸馏海水淡化工程

英德拉玛尤 2×4 500 t/d 多效蒸馏海水淡化工程是我国在印尼最具有代表性的海水淡化工程案例。该工程是印尼国家电力公司（PLN）投资建设的 3×330 MW 火力发电厂，由中国电工设备总公司（中电工）负责总承包，为满足厂区内锅炉补水和人员生活用水需求，公开招标 2×4 500 t/d 多效蒸馏海水淡化装置。依托国家海洋局天津海水淡化与综合利用研究所的技术支撑，天津众和海水淡化工程有限公司击败以色列 IDE、法国 SIDEM 等国际知名公司成功中标，总合同额达到 7 900 万元。

该工程依据我国 HY/T 115—2008《蒸馏法海水淡化工程设计规范》、GB/T 50619—2010《火力发电厂海水淡化工程设计规范》、HY/T 106—2008《多效蒸馏海水淡化装置通用技术要求》、HY/T 116—2008《蒸馏法海水淡化蒸汽喷射装置通用技术要求》、GB/T 23609—2009《海水淡化装置用铜合金无缝管》等相关标准，先后完成了工程勘察、工艺计算、设备设计、加工安装、现场调试等一系列工程任务，完全符合规范要求，保证工程顺利竣工。

2011 年，印尼方委托国际第三方机构 HPTC 对装置各项性能指标进行检测：在绝对蒸汽压力为 0. 89 MPa、温度为 265℃、海水温度为 32℃、含盐量为 32 000 mg/L的工况下，装置实际所耗蒸汽量为 18. 9 t/h，产水量为 195. 2 t/h，造水比为 10. 3，吨水耗电为 1. 43 kWh/t，产品水 TDS 为 7. 98 mg/L。装置一次验收合格，性能达到国外先进水平。

截至目前，装置实现常年连续稳定运行，在印尼高温、高湿的热带气候条件下经受住了严酷考验，保障了电厂的稳定运行，得到了业主的高度认可。该工程提升了多效蒸馏海水淡化国产化技术水平，实现了国产大型淡化装备首次出口海外，形成一批国内海水淡化骨干企业，对中国和印尼海水淡化产业发展产生了深远影响。

（二）印尼爪哇 7 号 2×4 000 t/d 多效蒸馏海水淡化工程

在英德拉玛尤 2×4 500 t/d 多效蒸馏海水淡化工程范例的基础上，由中国能建

浙江火电承建的印尼爪哇7号多效蒸馏海水淡化工程于2018年5月开工建设。该工程也是依据我国多效蒸馏海水淡化相关标准进行技术设计，工程包含两套低温多效蒸馏海水淡化装置，一用一备，外围为公用系统（供汽、供水、排水、产水、供电、供气等），设计上满足两套装置同时运行的要求。根据业主的用水需求，将单台装置设计产水量为4 000 t/d，满足两台百万千瓦级的电厂锅炉补给水，以及工业水、生活水系统的淡水需求。

（三）标准应用情况总结

在我国对印尼海水淡化装置建设过程中，工程设计与建设单位依据我国HY/T 115—2008《蒸馏法海水淡化工程设计规范》、GB/T 50619—2010《火力发电厂海水淡化工程设计规范》、HY/T 106—2008《多效蒸馏海水淡化装置通用技术要求》、HY/T 116—2008《蒸馏法海水淡化蒸汽喷射装置通用技术要求》、GB/T 23609—2009《海水淡化装置用铜合金无缝管》等相关国家和行业标准，先后完成了工程勘察、工艺计算、设备设计、加工安装、现场调试等一系列工程任务，保证了工程建设实施的规范性和标准化。

以国家海洋局天津海水淡化与综合利用研究所为核心骨干的国内海水淡化企业，在工程实施阶段通过大量基础性研究与技术验证，成功研发了逆流分组进料节能工艺、高压比蒸汽热压缩、传热管弹性密封连接、低压汽液分离等自主关键技术，按时按质完成工程建设。在技术研发的基础上，制定了海水淡化相关标准5项（国家标准1项），初步形成了国产化大型多效蒸馏海水淡化标准体系，有效支撑了海水淡化工程的建设运营。

我国海水淡化的标准，对印尼海水淡化工程发挥了重要的指导作用。正是在这些标准的规范和指导下，国内企业相继在印尼英德拉玛尤、万丹、巴齐丹和雅加达等地共建设完成8台多效蒸馏海水淡化装置，总装机规模达到2.9×10^4 t/d，有效解决了印尼电厂的淡水供给问题，保障了燃煤发电机组的按时投产运行，为电厂每年节约开支数亿元。

随着我国多台大型MED装置在印尼各地建成并运行，我国海水淡化的相关标准也实现了“走出国门”，完成了我国海水淡化标准的转化与应用。截至目前，出口MED装置已最长连续稳定运行7年以上，在印尼高温、高湿的热带气候条件下经受住了严酷考验，保障了电厂的稳定运行，得到了业主的高度认可。印尼国内企业已普遍接受和采用了我国海水淡化的产品标准与技术规范，实现了两国在海水淡化领域中的技术融合与产业对接，为后续两国间开展工程建设、技术转移、装备输出、投资运营等合作奠定重要基础。

上述工程的完成也为验证、整合和发展国产化多效蒸馏海水淡化成套技术起到了关键性作用，使国内企业掌握了与不同火力发电机组相配套的系列化蒸馏海水淡化装备能力。通过印尼工程提升了多效蒸馏海水淡化国产化技术水平，实现了国产大型淡化装备出口海外，形成一批国内海水淡化骨干企业，对中国和印尼海水淡化产业发展产生了深远影响。国内企业从此不断参与国际海水淡化市场竞争，使我国海水淡化产业真正“走出去”、辐射全球，为开展我国“一带一路”建设做出了重要贡献。

综上所述，我国企业在印尼海水淡化工程的建设实施，将我国近年来的海水淡化技术成果和相关标准在印尼国内不断推广应用，实现了标准“走出去”的工作目标。

第四章　海洋站建设标准在斯里兰卡的转化

一、海洋站建设标准转化目的

通过项目合作的形式，将我国海洋观测标准在东南亚国家进行转化合作应用，统一规范海洋观测站的建设，为准确揭示全球海平面的真实变化，开展海气相互作用研究和防灾减灾工作提供翔实可靠的科学依据。另外，通过开展海洋联合观测站的建设国际合作，以中国海洋标准为技术指引，支援“一带一路”沿线国家海洋能力建设，带动中国海洋观测技术和装备向国外输出。

二、海洋站建设标准的选取和转化分析

（一）标准的选取

近年来，随着全球气候的变暖，海平面上升作为一种长期的、缓发性的海洋灾害，对全球沿海地区社会经济和生态环境安全的影响逐渐加大。监测和研究海平面变化（特别是绝对海平面变化）具有非常重要的意义，有利于分析海平面与全球气候变化的相互作用机制，揭示海平面的真实变化量，为涉海工程建设、生态环境和海岛礁保护等提供参考依据。

2009 年，国家海洋局预报减灾司为应对全球气候变化诱发的海洋灾害，在沿海 56 个长期海洋站增设了全球卫星导航系统（Global Navigation Satellite System，GNSS）连续观测设备，构建了中国沿海 GNSS 业务化观测系统。该系统连续运行至今，为海洋相关研究积累了大量宝贵的 GNSS 观测资料。

然而，在 GNSS 业务化观测系统建设过程中，GNSS 站和验潮站如何并置，国际、国内无相关的标准可以参考，只能根据 GNSS 与并置建设的实际需求，通过查询相关文献，边摸索边建设。通过发现并解决实际建设及运行中出现的问题，总结并积累 GNSS 与验潮并置建站的经验，制定了 HY/T 243—2018《全球导航卫星系统（GNSS）连续运行基准站与验潮站并置建设规范》，用于指导国内 GNSS 与验潮站

的并置建设工作，将沿海海洋站观测资料纳入统一的参考框架中，分离海洋验潮站基岩的垂直运动，准确地揭示海平面绝对变化规律。

随着“一带一路”海洋相关领域建设的推进，我国积极参与国际和地区各类项目合作。当前，在国际上建设联合海洋观测站的需求不断增多。然而，国际上并未存在类似的建站标准，相关国际标准或技术文件的缺失导致GNSS与验潮并置站建设无规范可依。我国从国内建站实际需求出发，制定的HY/T 243—2018《全球导航卫星系统（GNSS）连续运行基准站与验潮站并置建设规范》能够填补国际上对GNSS基准站与验潮站的并置建设标准需要的空白。因此，选取该标准作为开展联合海洋观测站建设国际合作的标准纽带，可以较好地满足国际合作需求。

（二）标准适用性分析

项目组充分调研了斯里兰卡当地的验潮站建设现状，发现斯里兰卡的验潮站站点布设稀疏，建成时间久远，缺少必要的维护，无法获取正常的观测数据，并且未考虑验潮基准对海平面变化的影响。

GNSS基准站是国际上对海平面绝对变化监测的重要技术手段，与验潮站的并置建设将可以提供更真实反映海平面变化信息的产品。将《全球导航卫星系统（GNSS）连续运行基准站与验潮站并置建设规范》用于指导斯里兰卡米瑞莎（Mirissa）海洋联合观测站的建设，可以大大提升斯里兰卡海平面绝对变化监测的技术和能力。因此，该标准能够满足斯里兰卡当地联合海洋站建设的实际需求，在技术上具备优势。

三、海洋站建设标准在斯里兰卡的转化和应用

（一）标准的转化

米瑞莎位于斯里兰卡南部海岸，交通便利，处于科伦坡至马特勒铁路附近，同时靠近科伦坡至维拉瓦亚（Wellawaya）高速，是与加勒齐名的斯里兰卡南部重要渔业港口。自20世纪90年代起，逐渐成为国际旅游热点，以冲浪和观鲸闻名。由于米瑞莎直面印度洋，紧邻国际航运主航道，又是蓝鲸传统栖息区，在2004年受到印度洋海啸冲击较为严重，因此该地对于海洋灾害预警有着迫切的需求。

目前，斯里兰卡现有的台站（图4.1）均为无人值守的潮位观测站，观测参数单一，其中只有科伦坡站维护较好，其他各站均处于不稳定运行，斯里兰卡非常愿意中国援助建设新的功能齐全的海洋观测台站。

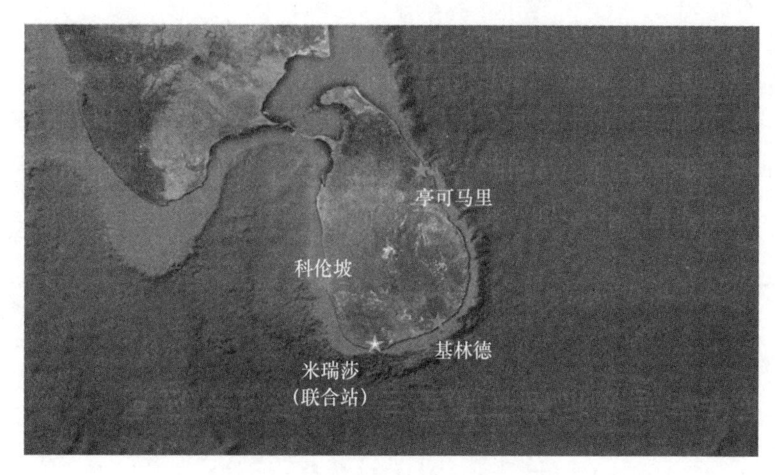

图 4.1　米瑞莎观测站的位置示意图

2015 年 12 月 24 日，国家海洋局第一海洋研究所与斯里兰卡渔业与水生资源研究开发局（NARA）签署了《关于开展海平面观测与灾害预报系统项目的实施协议》。根据协议，双方将在斯里兰卡合作建设联合海洋观测站，并建立基于观测站的海平面监测和预报系统，合作建设海平面数据库。双方还将合作开展短期和长期海平面变化预报及海岸带脆弱性评估研究。随后，双方在米瑞莎开展了联合海洋观测站建设工作。

2018 年 10 月 8—14 日，自然资源部第一海洋研究所组织代表团赴斯里兰卡进行了工作访问。访问期间与斯方项目合作单位斯里兰卡渔业与水生资源研究开发局开展了深入交流，并签署了"FIO-NARA 海平面观测预警系统联合建设工作计划（2018—2020）"，根据工作计划，双方将以我国海洋标准为指导在斯里兰卡北部建设第二个联合海洋观测站，以填补斯里兰卡北部长久以来没有常规海洋观测站点的空白。

（二）米瑞莎联合海洋观测站的建设

在米瑞莎联合海洋观测站建设过程中，由斯里兰卡渔业与水生资源研究开发局（NARA）负责土建工作，中方负责仪器设备安装及使用人员培训工作。

2016 年 1 月，中方在青岛针对设备使用对斯方派出的 4 位技术人员进行了技术培训。2016 年 12 月下旬，该站土建工程建设基本完成。2017 年 3 月，中方和斯方的工作人员在米瑞莎联合海洋观测站进行了自动观测系统设备的安装和调试工作，确保自动化观测仪器设备投入正常使用。由于米瑞莎联合海洋观测站距离首都科伦坡的 NARA 数据接收站约 150 km，经初步评估后自动观测系统使用斯里兰卡国内无线网络进行数据通信。

中方安装的自动水文观测设备可对测点的水文气象参数进行长期连续的观测。测量的水文要素包括潮汐，气象要素包括风速、风向、气温、相对湿度、气压和降水量等，具体指标如表 4.1 所示。

表 4.1　米瑞莎联合观测站的观测要素指标

测量要素	测量范围	准确度	分辨率
潮汐/cm	0~1 000	±1	0.1
风速/（m/s）	0~70	当风速≤5 m/s 时，±0.3 m/s； 当风速>5 m/s 时，±5%×读数	0.1
风向/（°）	0~360	±5	1
气温/℃	-40~60	±0.5	0.1
相对湿度/%	0~100	±4	1
气压/hPa	800~1 100	±1	0.1
降水量/mm	0~999	当降水量≤10 mm 时，±0.4 mm； 当降水量>10 mm 时，±4 %×读数	0.1

针对基建方案中存在的部分问题，斯里兰卡渔业与水生资源研究开发局又进行了修整和完善。待联合海洋观测站基建部分全部调整完成后，将根据实际观测需要，加装 GNSS 观测设备并进行设备调试等工作。

（三）GNSS 联合海洋观测站建设的预研

GNSS 站是国际上对于海平面绝对变化监测的重要技术手段，配合验潮站的建设可以提供更真实地反映海平面变化信息的产品。在斯里兰卡配合海洋站的布局，加装 GNSS 设备同时也为开展海平面变化观测提供了便利的条件。

斯里兰卡现有 3 个长期验潮站，15 个临时验潮站。其中，设在首都科伦坡 Mutwal 的验潮站已有多年历史，自 2011 年以来，由美国援助的设备保持正常工作。基林德（Kirinda）验潮站由于工作环境较为恶劣，现已停止工作，导致斯里兰卡周边的验潮数据稀疏且时效性差。目前，斯里兰卡的海平面监测主要依靠来自联合国政府间气候变化专门委员会的海平面上升预测和 Topex/Jason 高度计数据。同时，仅存的 Mutwal 验潮站功能单一，只有水位数据，无法获取当地海平面的真实变化。所以，升级改造已有验潮站和增加新的验潮站是斯里兰卡迫切的需求。

项目组与斯里兰卡渔业与水生资源研究开发局经过多次沟通，在 2017 年 12 月进行了现场选址踏勘，包括科伦坡、米瑞莎和亭可马里（Trincomalee）3个站。对于上述站点的维护现状和环境条件有了第一手的资料，后续将结合联合建站的实际需求，完成联合海洋观测站的选址工作，并以我国海洋标准《全球导航卫星系统（GNSS）连续运行基准站与验潮站并置建设规范》为指导加装GNSS观测仪器设备，开展具体建设和日常观测工作。

第五章 海洋工程勘察标准在海外的转化

一、海洋工程勘察标准转化目的

随着世界经济中心向亚太地区转移，东南亚一批发展中国家的基础建设和基本能力建设需求也日益迫切。随着我国对海上丝绸之路建设的开展，国内企业也加大了对东南亚地区的投资，越来越多地参与到这些国家的经济建设中去。其中新能源领域是发展较为迅速的行业，中国电建集团、中国能建等一批企业已经介入东南亚地区的海上风电产业的建设，华为、亨通、烽火和中国电信等通信企业也开展承接这些国家的海底通信光缆系统的建设业务。在这一过程中的问题是，缺乏相关的能被东南亚国家普遍接受的海洋工程勘察标准。中国海洋工程勘察标准经过 20 多年的发展，已经形成了基本同国际接轨的勘察技术规范，但因为通常仅在国内使用，缺乏在国外使用或被外国转化的成功案例，并没有真正起到应有的作用。

通过项目开展我国海洋工程勘察标准在东南亚地区的转化研究，有助于推动我国海洋工程勘察标准“走出去”，提升我国标准在海洋工程勘察领域的国际影响力，最终增强我国海洋工程勘察企业承揽国际工程项目的竞争力和软实力，进而促进我国海洋工程勘察行业深度参与国际市场竞争并保持竞争优势。

二、海底电缆管道路由勘察标准比对分析

（一）国际标准化现状

国际标准化组织（International Standardization Organization，ISO）是世界上最大的非政府性标准化专门机构。目前在 ISO 标准中，尚未发现关于海底电缆管道路由勘察的通用标准。仅在部分石油天然气行业的标准中，部分涉及管道及脐带缆的设计，例如，ISO 13628-5：2009。

美国石油协会（American Petroleum Institute，API）是美国工业主要的贸易促进组织，是集石油勘探、开发、储运、销售为一体的行业协会性质的非营利性机

构。其标准包括石油生产、炼油、测量、运输、销售、安全和防火、环境规程等。在目前的API标准中，尚未发现关于海底电缆管道路由勘察的通用标准。在部分石油平台设计、建造等方面标准中有涉及管道设计的部分，例如，API RECOMMENDED PRACTICE 2A-WSD。

挪威船级社（DET NORSKE VERITAS，DNV）是专业风险管理服务机构，是以"捍卫生命与财产安全，保护环境"为宗旨的独立基金组织，主要涉及船级服务、认证服务、技术服务等。在目前的DNV标准中，未发现关于海底电缆管道路由勘察的通用标准。在部分标准中，例如，DNVGL-ST-0359 Edition June 2016、DNVGL-RP-0360 Edition March 2016、DNVGL-ST-F101 Edition October 2017 Amended December 2017中涉及电缆或管道路由调查的规定，包括施工前路由调查及竣工调查，同时规定了路由调查的具体内容，例如，开展工程地质调查、地球物理调查、岩土工程调查和底质取样等。

除主要标准化机构外，国际上各大电信公司也均未见有海底电缆路由调查的相关规范，一般在重大电信工程项目确定后，通常编制路由调查技术规格书，作为开展调查的技术指导。

总体来看，国际上相关标准化机构或组织如DNV、API等虽然有各自的海底电缆管道设计规范，但这些设计规范中仅有部分涉及海底电缆管道路由调查的技术要求，且其中有些方面要求很细，有些要求缺失。

（二）国内标准化现状

海底电缆管道路由勘察规范，适用于各类海底电缆（通信光缆、输电电缆）、海底管道（输油气管道、输水管道、排污管道等）的路由预选和路由勘察工作。

我国海底电缆管道建设发展很快，陆岛、岛岛间通信电缆、输电电缆、输水管道等广泛铺设。随着改革开放的深入发展，国际间通信电缆也快速建设，自20世纪90年代以来，已相继建成中日光缆、中韩光缆、环球光缆、欧亚光缆、中美光缆、亚太二号光缆、C2C光缆、穿越太平洋光缆及亚洲内环光缆系统等。随着海上油气田的开发，海底输油气管道被广泛采用，较长的输油气管道如南海ARCO、东海平湖油气田至上海芦潮港输油气管道、春晓至宁波三山输气管道等。上述电缆管道路由调查中，涉外项目一般采用国外公司提供的技术规格书，这些技术规格书的要求各有差别。国内项目则在1994年前没有统一要求。

为维护国家主权和权益，合理开发利用海洋，有秩序地铺设和保护海底电缆管道，国务院于1989年2月颁布了《铺设海底电缆管道管理规定》。随后国家海洋局制定了《铺设海底电缆管道管理规定实施办法》（1992年8月26日），使内海、领海及大陆架上铺设海底电缆管道的活动纳入管理轨道。但当时没有对与路由调查相关的技术要求做出规定，为此，国家海洋局在 1994 年 6 月制定了《海底电缆、管道路由调查、勘测简明规则》，对国内电缆管道的路由调查起到了统一规范的作用。

随着越来越多国内及国际间海底电缆管道项目的开发建设，为更好地为开展海底电缆管道项目提供技术依据和支撑，同时也为维护我国的海洋权益，保护海洋资源与环境，协调海洋开发活动，保证海底电缆管道路由勘察质量及规范化和标准化，1998 年 10 月 12 日，国家质量技术监督局发布了国家标准 GB/T 17502—1998《海底电缆管道路由勘察规范》，并于 1999 年 4 月 1 日起实施。

2004 年 3 月 1 日，中华人民共和国国土资源部发布了《海底电缆管道保护规定》，对海底电缆管道的保护、海底电缆管道的安全运行，以及海底电缆管道所有者的合法权益进行了相关规定。

2007 年，为了适应海底电缆管道路由勘察技术的发展，国家海洋局组织有关单位对 GB/T 17502—1998《海底电缆管道路由勘察规范》进行了重新修订，并于 2009 年对外发布，2010 年 4 月 1 日起正式实施。GB/T 17502—2009《海底电缆管道路由勘察规范》成为迄今为止开展海底电缆管道路由勘察的最新技术标准。

（三）国内外标准比对分析

从标准对应上来看，国际上目前未有统一、通用的关于海底电缆管道路由勘察的标准，只有部分国际标准或者行业标准中涉及部分海底管道路由调查的要求，并且这些标准只在其使用范围内适用，并不适用于专门统一、通用的海底电缆管道勘察。因其缺乏明确、统一的勘察内容要求及技术要求，无法与我国现行国标 GB/T 17502—2009《海底电缆管道路由勘察规范》进行整体比对。

从具体内容上来看，虽然少部分国际标准中包含了关于海底管道路由调查的内容要求，例如，部分 DNV 标准中涉及电缆/管道路由调查规定，包括开展工程地质调查、地球物理调查、岩土工程调查、底质取样等，但相较于我国现行 GB/T 17502—2009《海底电缆管道路由勘察规范》而言，勘察技术要求规定还不够具体。

综上所述，我国现行 GB/T 17502—2009《海底电缆管道路由勘察规范》具有更为详细的勘察内容及技术要求，具有一定的全面性。

三、海洋工程勘察标准转化分析

我国目前现行国标 GB/T 17502—2009《海底电缆管道路由勘察规范》，适用于在中华人民共和国内海、领海及大陆架上为铺设海底电缆管道而开展的路由调查，规定了海底电缆管道路由勘察的内容、方法和技术要求、成果报告书编制和资料归档，其适用于海底电缆工程、海底管道工程的选址和勘察，其他海底线性、浅基础构筑物的选址和勘察可参照执行，是国内海底电缆管道路由勘察统一、通用的技术标准。

随着海底电缆、管道工程的不断发展，各类管道路由勘察技术要求的不断提高，以及各种路由勘察设备、技术和方法不断更新，我国海底电缆管道路由勘察规范也会随之更新。仅就通用标准而言，鉴于目前国际上尚未有该类国际标准，我国《海底电缆管道路由勘察规范》内容全面、技术具体，经过多年的实践检验，具有一定的先进性，可以应用于国际海底电缆管道勘察项目。尤其对于承接东南亚海底勘察工程项目而言，在勘察技术上完全满足要求，具有技术适用性。

四、海洋工程勘察标准转化及遇到的问题

海洋工程勘察领域标准转化由自然资源部第二海洋研究所牵头实施。在标准转化初期，计划通过与荷兰辉固国际集团（Fugro）等国际著名海洋咨询公司开展海洋地质勘察项目合作及研究。在项目合作过程中采用 GB/T 17502—2009《海底电缆管道路由勘察规范》或 GB/T 17503—2009《海上平台场址工程地质勘察规范》国家标准，进行海洋工程勘察，以签订工程勘察服务合同的形式形成中外认可的事实标准。其中，《海上平台场址工程地质勘察规范》实现被美国国家能源局海上风电勘察规范转化或引用；《海底电缆管道路由勘察规范》通过第三方建设单位实现在东南亚承包海底电缆勘察工程时事实采用。

随着项目的进行，转化活动遇到很大困难。一方面，由于美国国家能源局海上风电勘察规范编制项目迟迟未见开展，因此这一转化途径未能预期实现。后来，项目组尝试通过中电建集团在越南开展海上风电建设项目转化标准，也因为目标国政策及其与我国关系不稳定等原因无法落地实施；另一方面，原计划通过亨通集团有限公司在柬埔寨总包海底通信海缆系统的机会，转化我国海洋标准《海底电缆管道路由勘察规范》，但这一计划也因目标国政策原因导致项目进展缓慢，无法按期完成转化任务。

最后，国家海洋标准计量中心通过联合国教科文组织政府间海洋学委员会（IOC）大力推动的海洋最佳实践系统（OBPS），将《海底电缆管道路由勘察规范》和《海上平台场址工程地质勘察规范》两项标准转化为国际最佳实践，并予以发布，实现了海洋工程勘察标准在国际上的转化。另外，利用国家政府间的合作协议，在自然资源部第二海洋研究所与莫桑比克、塞舌尔开展的大陆架联合调查航次

的备忘协议中，明确了使用GB/T 12763. 10—2007《海洋调查规范　第10部分：海底地形地貌调查》作为技术标准的条款，从而实现了一项额外标准“走出去”的目标。

通过开展转化活动发现，依靠企业自身的力量实现标准“走出去”受所在国政策、所在国与我国的关系等政治因素影响较大，项目运作期长，不确定性大。而利用国家政府间的合作协议，往往可以较快地实现这一目标，可能是今后实现标准“走出去”的一条重要途径。

五、关于中国海洋工程勘察标准“走出去”的思考

经过近20余年的积淀，我国海洋工程勘察标准得到了长足的发展，部分勘察标准接近已经达到或国际先进水平，实现海洋工程勘察标准“走出去”，能更好地支援“一带一路”建设，助力国际产能和装备制造合作。但是，标准走向海外之路并不是一帆风顺的，这其中难免遇到困难和阻力。对于如何推动更多海洋工程勘察标准向国外转化，可以从以下几方面着力。

首先，加强标准英文版制定。持续加大海洋工程勘察标准英文版翻译投入和研制力度，解决相关的语言服务问题。中国企业、资本、技术“走出去”迫切需要中国标准先行，而相关的语言服务相对滞后。日、韩、德等国的标准英文版率均达到40%以上，而我国尚还不足5%。

其次，积极采用中国标准。在国际项目中采用中国标准是中国标准“走出去”最直接的方式，因此有必要积极参与国际合作项目，并大力推介中国标准。随着中国资金、中国技术、中国企业参与到国际项目当中，以中国援建的各类涉海国际工程为契机，采用具有国际水准的中国标准英文版，将有助于在国际社会打造中国标准的影响力与公信力。在此基础上，让国际社会相信中国标准的技术能力与先进性，促使没有中国企业参与的其他国际项目也采用中国标准进行设计、施工与运营。

最后，发挥国际组织能量。我们可进一步借鉴美国和欧盟与国际接轨的标准战略、灵活的标准制定模式，积极发挥国际标准化组织海洋技术分委会（ISO/TC8/SC13）的桥梁作用，牵头或参与制定国际标准，适时将中国海洋工程勘察标准转化为国际标准，提升中国海洋工程勘察标准的国际竞争水平，从而增强我国海洋工程勘察企业的核心竞争力，以促进更多海洋工程勘察企业参与国际竞争。

第六章　海洋仪器检验检测标准在巴基斯坦的转化

一、海洋仪器检验检测标准转化目的

开展海洋仪器检验检测标准在巴基斯坦的转化应用，以技术能力为牵引，以标准为载体，通过开展合作，深入开展人员交流和技术培训，使巴基斯坦更深层次地了解中国海洋标准，认可中国海洋标准，应用中国海洋标准。有效解决巴方在海洋仪器产品校准、维护方面的迫切需求，支援“一带一路”沿线国家的海洋发展，切实履行亚太区域海洋仪器检测中心的国际责任。通过我国海洋标准“走出去”带动我国海洋仪器检测技术和服务“走出去”，不断提升我国海洋标准在国际的影响力。

二、海洋仪器检验检测标准比对分析

（一）概述

目前，我国已发布且现行有效的海洋检验检测方法类标准共12项，主要包括《海水温度测量仪检测方法》《海水电导率测量仪检测方法》《海水压力测量仪检测方法》《海水溶解氧测量仪检测方法》《海水营养盐测量仪检测方法》《海水pH测量仪检测方法》《海洋测风仪器检测方法》等。

2007年，国家海洋局发布了HY/T 096—2007《海水溶解氧测量仪检测方法》、HY/T 099—2007《海水营养盐测量仪检测方法》，作为指导全国海洋仪器设备质量检测的技术依据。这两项方法标准的发布填补了国内在相关海洋仪器检测方法行业标准方面的空白，使得今后相关仪器的验收、检验、质量评价有章可循，有利于海洋仪器研究、生产和检测的规范化、标准化，对于科学评价海洋仪器的质量和技术水平，提高海洋测量数据的准确性和可靠性具有重要意义。另外，海洋检验检测方法类标准不但有利于保障我国海洋监测、调查工作顺利展开，而且还为开展海洋调查、监测、勘察，以及国防应用等方面提供基础性技术支持，因此有着重要的经济效益和社会效益。

国际方面，欧洲海滨观测联合研究机构（Joint European Research Infrastructure network for Coastal Observatories，简称 JERICO）于 2014 年在海洋最佳实践研讨会上做了关于仪器校准方面的报告，向 IOC 组织的成员国提供了海洋仪器校准方面的最佳实践。

本书所述标准比对对象一为我国海洋检验检测方法类标准：HY/T 096—2007《海水溶解氧测量仪检测方法》、HY/T 099—2007《海水营养盐测量仪检测方法》；二为欧洲海滨观测联合研究机构的《海洋仪器校准的最佳实践报告》（*Report on calibration best practice*, 2014. 6. 27），主要涉及营养盐测量仪的校准最佳实践（4. 3 部分）和溶解氧传感器的校准最佳实践（4. 4 部分）。

（二）标准比对

1. 标准化对象比对

在标准化对象方面，我国海洋检验检测类方法标准的主要标准化对象为海洋仪器设备的检测项目、检测设备、检测环境条件、检测方法和检测报告编写的要求等内容，包括海水溶解氧、海水营养盐等测量仪的计量检测。

JERICO 的《海洋仪器校准的最佳实践报告》所规定的标准化对象主要为传感器的校准，包括海水营养盐传感器、海水溶解氧传感器。

从标准化对象来看，比对标准的标准化对象是基本一致的，都涉及海洋要素观测仪器的性能和仪器数据的质量等要求，但是侧重点有所不同，国内是海水溶解氧测量仪、海水营养盐测量仪的检测，只看数据结果，而欧洲海滨观测联合研究机构则以海水溶解氧传感器、海水营养盐测量传感器的校准为主。

2. 适用范围比对

我国海洋检验检测类方法标准 HY/T 096—2007《海水溶解氧测量仪检测方法》主要适用范围为测定大洋、近岸海水和河口水溶解氧的仪器的检测；HY/T 099—2007《海水营养盐测量仪检测方法》的主要适用范围为水下长期使用的海水营养盐自动测量仪的检测，一般是搭载在浮标或平台的海水营养盐自动测量仪。

JERICO 的《海洋仪器校准的最佳实践报告》主要适用于海洋观测所用的不同型号传感器的校准实践，比如，海水温度传感器、海水电导率传感器、海水营养盐传感器和海水溶解氧传感器等设备的校准。

标准适用范围方面，国内外标准基本一致。

3. 标准结构比对

我国海洋检验检测类方法标准总体结果保持了一致，包括前言、范围、规范性引用文件、术语和定义、检测设备、检测环境条件、检测项目、检测方法和检测报告的编写等内容。

JERICO 的《海洋仪器校准的最佳实践报告》，主要有摘要、简介、主要报告等内容，其中主要报告部分又分为校准程序、校准最佳实践的建议。

4. 主要技术内容对比

（1）海水溶解氧测量仪检测方法比对

HY/T 096—2007《海水溶解氧测量仪检测方法》的检测原理是利用海水恒温槽的温度调节和泵入空气的方式改变海水中的溶解氧浓度，将海水溶解氧测量仪和取样管共同置于海水恒温槽中，在溶解氧测量仪测量的同时采集水样。采集后的水样利用 Winkler 法滴定，并作为标准值。比较溶解氧测量仪的测量值与标准值，从而进行检测。其测量的最大允许误差为±0. 5 mg/L。

JERICO 的《海洋仪器校准的最佳实践报告》中指出，其校准原理是利用泵入氧气/氮气的方式改变蒸馏水中的溶解氧浓度，将海水溶解氧测量仪和取样管共同置于恒温槽中，在溶解氧测量仪测量的同时采集水样。采集后的水样利用 Winkler 法滴定，并作为标准值。比较溶解氧测量仪的测量值与标准值，从而进行校准。其测量不确定度为 0. 16 mg/L。

（2）海水营养盐测量仪检测方法比对

HY/T 099—2007《海水营养盐测量仪检测方法》的检测原理是利用有证标准物质或利用化学试剂配制系列标准溶液，然后依据仪器说明书，按照系列标准溶液浓度从小到大的顺序进行测量，比较仪器测量值与标准溶液标准值，从而实现检测。仪器的示值误差详见表 6. 1。

表 6. 1　仪器计量性能一览表

名称	测量范围 /（μmol/L）	示值误差
硝酸盐	0. 5～20	当读数≤5. 0 时，±0. 5 μmol/L； 当读数>5. 0，±10%×读数

续表

名称	测量范围/（μmol/L）	示值误差
亚硝酸盐	0.5~7	当读数≤3.0时，±0.3 μmol/L； 当读数>3.0，±10%×读数
磷酸盐	0.2~3	当读数≤1.3时，±0.13 μmol/L； 当读数>1.3，±10%×读数
硅酸盐	0.5~20	当读数≤5.0时，±0.5 μmol/L； 当读数>5.0，±10%×读数
铵盐	0.5~20	当读数≤5.0时，±0.75 μmol/L； 当读数>5.0，±15%×读数

JERICO的《海洋仪器校准的最佳实践报告》中指出，在恒温20℃下，利用化学试剂和蒸馏水配制系列标准溶液，然后依据仪器说明书，按照系列标准溶液浓度从小到大的顺序进行测量，比较仪器测量值与标准溶液标准值，从而实现校准。在报告中没有给出仪器的校准不确定度或其他任何指标。

5. 标准比对结论

（1）海水溶解氧测量仪检测方法比对结论

在标准化对象和标准适用范围上，中外标准/技术文件保持一致，针对海水溶解氧测量仪/传感器。同时，我国标准和JERICO的《海洋仪器校准的最佳实践报告》规定的仪器/传感器检测环境相同，都是在恒温水槽中进行检测或校准试验的，并且在仪器测量的同时采集水样。水样都利用Winkler方法进行滴定作为标准值。

我国标准和JERICO的《海洋仪器校准的最佳实践报告》不同之处在于：

①HY/T 096—2007《海水溶解氧测量仪检测方法》利用海水为介质，更加接近仪器的使用环境，无须考虑盐度引起的影响；JERICO的《海洋仪器校准的最佳实践报告》采用蒸馏水为介质，还需进行盐度引起溶解氧浓度变化的实验。

②HY/T 096—2007《海水溶解氧测量仪检测方法》是采用温度调节和泵入空气的方式改变海水溶解氧的浓度，更加经济；JERICO的《海洋仪器校准的最佳实践报告》采用泵入氧气/氮气的方式改变蒸馏水溶解氧的浓度，调节更加精准。

③HY/T 096—2007《海水溶解氧测量仪检测方法》的技术指标为最大允许误差±0.5 mg/L，JERICO的《海洋仪器校准的最佳实践报告》校准的测量不确定度为0.16 mg/L。两者不能比较。

（2）海水营养盐测量仪检测方法比对结论

在标准化对象和标准适用范围上，中外标准/技术文件保持一致，都针对水下长期使用的营养盐自动分析仪开展检验或校准工作。相同地，中外标准/技术文件都利用化学试剂和蒸馏水配制系列标准溶液作为标准，比较仪器测量值和标准溶液标准浓度的差异。

中外标准/文件的差异在于：HY/T 099—2007《海水营养盐测量仪检测方法》增加了有证标准物质作为检测标准，更具权威性和有效性。JERICO 的《海洋仪器校准的最佳实践报告》仅采用化学试剂配制的作为标准溶液。

总体而言，我国标准和 JERICO 的《海洋仪器校准的最佳实践报告》所规定的检测方法、检测对象基本相同，但检测技术指标因为单位不同而不具备可比性。此外，我国海洋检验检测标准对仪器计量性能指标、检测设备、检测环境条件和检测报告的编写等方面的规定更为详细，更具有可操作性，更为经济和适用，具备向海外进行转化和实施的条件。

三、海洋仪器检验检测标准的选取和转化分析

（一）标准的选取

我国在 2012 年成立了亚太区域海洋仪器检测评价中心（RMIC），该中心也是世界气象组织（WMO）和联合国教科文组织政府间海洋学委员会（UNESCO-IOC）在全球六个海洋仪器检测评价中心之一。该中心由国家海洋标准计量中心承建，旨在为海洋学和海洋气象学技术联合委员会（JCOMM）框架下亚太区域成员国提供海洋仪器检测校准服务、提供技术咨询与培训、开展各类仪器标准国际比对任务等。作为 RMIC 的承建单位，国家海洋标准计量中心开展了几十年的海洋仪器检测与校准服务，为我国海洋观测、海洋调查各类仪器设备提供了精准的量值溯源和传递，确保了海洋环境数据获取的准确性和可靠性，有效地支撑了我国海洋观测业务化工作和 908 专项等大型海洋调查工作。

巴基斯坦地处南亚西部，南部濒临阿拉伯海，与中国、伊朗和印度接壤，是地区重要的海洋国家。由于巴基斯坦欠发达的经济和政治不稳定等因素，多年来，其国家海洋实力发展比较落后，较多依靠外部援助。尤其在海洋仪器设备方面，由于资金短缺问题缺乏维护，更无法开展检定校准，部分仪器损坏严重，急需海洋仪器校准、检定及维护领域的技术帮助。

在此背景下，针对巴基斯坦在海洋仪器设备领域的切实需求，中方选取了两项

海洋生化仪器设备的检测方法标准（HY/T 099—2007《海水营养盐测量仪检测方法》和 HY/T 096—2007《海水溶解氧测量仪检测方法》）在巴基斯坦开展转化合作。

（二）标准适用性分析和转化模式的确定

在分析巴方对于海洋仪器检测标准方面的潜在需求的基础上，初步锁定海水溶解氧测量仪和营养盐测量仪两项仪器检测标准作为转化对象。我国《海水营养盐测量仪检测方法》和《海水溶解氧测量仪检测方法》均为 2007 年由国家海洋局发布的标准。这两项标准规定了测量仪器的检测项目、检测设备、检测环境、检测方法和检测报告的编写。

溶解氧检测标准主要检测项目为示值误差检测、测量重复性检测和检出限检测三项，其他检测项目则包括外观检测和环境适应性检测。检测用仪器设备包括恒温海水槽、精密温度计（分辨率 0. 01℃）和鼓泡器。检测环境温度为（20±5)℃，环境湿度小于 80%。

营养盐检测标准主要检测项目为示值误差检测、测量重复性检测、温度影响检测和检出限检测四项，其他检测项目则包括外观检测和环境适应性检测。检测用仪器设备包括营养盐标准物质、分析天平（最小分度值 0. 000 1 g）和高低温试验箱。检测环境温度为（20±5)℃，环境湿度小于 80%。

对于转化目标国来说，缺少检测仪器设备无疑是标准转化的最大难题。针对这两项标准，巴基斯坦国家海洋研究所（NIO）主要缺少恒温海水槽及营养盐标准物质，因而无法为检测提供标准环境或标准参考，除非巴方能够购买相关检测设备或标样，否则无法应用中国标准。考虑到巴方经济实力难以承受大型仪器设备的采购，而我方也无法通过资助帮助其完成设备的采购、安装、调试、维护等工作，因此标准转化有必要另寻路径，不能采取外方事实使用的模式，而转为采取标准互认的模式。

四、海洋仪器检验检测标准转化过程

（一）中国-巴基斯坦高层合作架桥梁

2013 年 5 月，国家海洋局与巴基斯坦科技部共同签署了《中华人民共和国国家海洋局与巴基斯坦伊斯兰共和国科技部海洋科技合作谅解备忘录》。双方将进一步加强在海洋科学研究与调查、气候变化与海平面上升、海岸带综合管理及相关研究培训、海洋环境保护、海洋观测与海洋防灾减灾、海洋卫星遥感与应用、海洋资料和数据交换、海洋能开发与研究、海洋政策与海洋法等领域的合作。此后，为了落实中巴谅解备忘录，中巴开展各层次互访交流，中国国家海洋标准计量中心（NCOSM）与巴基斯坦国家海洋研究所（NIO）建立联络机制，开始探讨各方面合作。

（二）开展标准互认合作

2016 年 12 月，国家海洋标准计量中心组团赴巴基斯坦国家海洋研究所开展海洋标准计量合作洽谈（图 6.1），签署了初步合作协议（图 6.2），并在协议中明确中巴双方共享海水营养盐、海水溶解氧、海洋观测预报和防灾减灾等领域多项海洋标准。

图 6.1　中方组团赴巴基斯坦开展交流

在达成标准合作的初步意向后，中方开展了《海水营养盐测量仪检测方法》和《海水溶解氧测量仪检测方法》两项海洋标准英文版的制定工作，开展标准英文版立项工作，对中文版进行翻译和校对，召开海洋标准英文译本（送审稿）审查会，并完成报批工作，为开展后期的交流合作工作奠定基础。

由于标准互认机制的落实由政府部门牵头完成，因此，中巴标准互认合作由中国国家海洋局和巴基斯坦科技部召开部级联席会议予以落实。但是，由于巴基斯坦国内政局不稳定，恐怖主义威胁严重，以及我国国家机构改革的到来使得中巴高层会议一再推迟，标准互认活动的开展受到前所未有的阻力。

目前，中巴双方已经敲定了协议的内容，并且中巴高层方面也已经允许了协议

图 6.2　中巴达成标准互认合作初步协议

的签订，只差两国政府间召开正式会议签字落实。今后，借标准互认契机，中方将向巴方提供仪器设备的援助，标准检测方法人员培训，进一步推动中巴双方的合作。

五、海洋仪器检验检测标准转化中的问题与思考

纵观中巴海洋标准互认历程，最大的困难和阻力来源于政治因素。巴基斯坦国内安全隐患突出，造成交流活动一再推迟，高层互访协商机制执行不力。中国则体现为国内大部制改革，行政职责的兼并重组打乱了原有的工作模式和工作机制，重新建立需要过渡期。中国标准在国外的转化应用，不是一个国家单方面的意愿，而是两个国家自觉自愿的行为，需要两个国家的合作，无论哪一方面出现问题，都会极大影响合作的进展。

在中巴高层合作无法开展的现实困难下，国家海洋标准计量中心与巴基斯坦国家海洋研究所并未停止合作工作，积极沟通，反复确定协议内容，所议合作内容分别获得两国高层的允许，为今后签订最终协议铺好了道路。

第七章　海洋标准上升为国际最佳实践

一、海洋标准转化的组织基础——亚太区域海洋仪器检测评价中心的落成

2009 年 10 月，中国国家海洋标准计量中心派代表参加 JCOMM（联合国教科文组织政府间海洋学委员会和世界气象组织海洋学和海洋气象学技术联合委员会）第三次大会，并在会上首次提出申请，在中国国家海洋标准计量中心的基础上承建亚太区域海洋仪器检测评价中心（以下简称亚太区域中心）。2010 年 7 月，JCOMM 派专员到国家海洋标准计量中心考察亚太区域中心筹建情况，对中心的能力给予肯定。

2010 年 11 月，由国家海洋局组团代表中国参加 JCOMM 于比利时召开的 JCOMM/WIGOS 试验项目和 IODE/ODP 联合指导小组第三次会议，国家海洋标准计量中心派员参加。会上中国代表团正式提交亚太区域中心承建申请。2010 年 11 月至 2011 年 7 月，JCOMM 第八次管委会会议、WMO 第十六次大会、IOC 第 26 次大会分别审议通过了国家海洋标准计量中心建立亚太区域中心的申请。

2011 年 9 月，经国务院领导圈阅批示，亚太区域海洋仪器检测评价中心成立，标志着中国海洋标准计量质量正式走上国际舞台。中国作为 JCOMM 全球六个区域中心之一，成为亚太区域海洋观测仪器设备检测、比对、质量控制和标准/最佳实践的组织者和引领者。

2012 年 5 月 20 日，亚太区域中心揭牌仪式在天津举行，国家海洋局局长刘赐贵，联合国教科文组织助理总干事、海委会执行秘书温迪·沃森·怀特，国家质量监督检验检疫总局副局长孙大伟，天津市副市长熊建平出席揭牌仪式并致辞。至此，经过三年多的不懈努力，亚太区域中心终于在国家海洋标准计量中心落地生根。

亚太区域中心的职责是协助亚太地区 39 个成员国建立海洋观测标准化体系、量传体系和质量保证体系，建立海洋仪器计量性能检测、环境实验、检测技术、国家标准制定、全球海洋仪器质量监督检验、海洋标准计量质量技术支持和国际技术交流与培训 7 大平台。正是国家海洋标准计量中心“三位一体”的质量工作基础，

为亚太区域中心职责的履行和7大平台的建设提供了有力的保障。

经过七年的稳定运行，亚太区域中心通过制定区域标准/最佳实践、开展海洋仪器的计量检测和国际比对、开展国际培训、帮助成员国建立海洋仪器量传体系，推动了亚太区域海洋观测质量保障体系建设，大力地提高了全球海洋观测资料质量。目前，亚太区域中心已成为全球各区域中心的典范，业务范围由亚太区域拓展至非洲及加勒比海地区，在国际海洋规则制定中已崭露头角，有力地推动了我国先进的海洋标准、技术、装备“走出去”。

二、海洋标准转向最佳实践的转化

（一）前期准备

多年来，亚太区域海洋仪器检测评价中心在海洋观测仪器比对、标准最佳实践制定领域持续开展基础性工作，并积极参加IOC组织的全球海洋最佳实践工作研讨会。2016年，亚太区域海洋仪器检测评价中心梳理汇总出我国相关海洋观测标准，为我国海洋观测标准向国际最佳实践的转化打下了良好的工作基础。

（二）深度参与海洋最佳实践工作

2017年年初，IOC提出全球海洋最佳实践整合计划得到了全球17个海洋观测计划的支持。

2018年12月4日至6日，在法国巴黎召开第二届海洋最佳实践改进与支撑研讨会。本次研讨会由IOC、JCOMM、大西洋观测系统（AtlantOS）共同组织召开，来自IOC秘书处、WMO秘书处、JCOMM联合主席（海洋领域）、电器和电子工程协会（IEEE）秘书处、全球海洋观测系统（GOOS）框架下数据浮标工作组（DB-CP）、国际碳协调项目（IOCCP）、海洋长期观测协调组（OceanSITES）、海洋生物多样性（MBON）负责人，GOOS区域联盟（GRAs）代表及部分成员国代表共30余人参会。

此次会议旨在对目前海洋观测最佳实践进行搜集分类，并且针对目前存在的问题和需求，制定下一阶段海洋最佳实践的工作框架及工作体系（OBP-S），建立起全球海洋最佳实践制定、评估、出版、查阅及培训全过程模块，增强观测数据的一致性和准确性，提升海洋观测质量，促进标准和最佳实践在全球海洋观测领域的广泛应用。

会议对已试运行6个月的海洋最佳实践系统（OBP-S）进行了介绍，该系统已收集并发布170多项海洋最佳实践，40多篇研究论文，并设计了贴合海洋科学规律的检索逻辑。会议明确海洋最佳实践的工作目标，要形成针对每个海洋关键要素（EOV）所使用的不同传感器在不同工作平台的最佳实践一站式搜索平台，同时满足用户在海洋观测、数据处理及产品制作等方面的其他需求，同时逐步将该平台打造成为全球海洋最佳实践凝练、融合和制作的平台。

为推动中国标准的国际化发展，国家海洋标准计量中心也派代表参加了此次会议，在会议中汇报了中国在海洋标准、最佳实践领域开展的工作，并提出下一阶段愿意积极共享我国海洋标准和最佳实践，支持能力建设相关工作的建议，获得热烈反响。会议代表对于中国在海洋标准及最佳实践领域清晰的管理脉络和数量庞大的标准产品表示赞许，多次表示欢迎和期待中国积极共享海洋最佳实践文件和工作经验。

会议期间，IOC秘书处及JCOMM联合主席对中国在海洋最佳实践领域的工作提出两点希望和建议：一是欢迎中国加入海洋最佳实践工作组，希望中国进一步增加参与力度，鼓励更多的中国专家和中国的海洋最佳实践加入IODE海洋最佳实践工作组；二是充分发挥亚太区域海洋仪器检测评价中心及国家海洋标准计量中心经验，联合IOC西太平洋分委会整合区域内海洋科学研究成果，组织制定相关最佳实践。

中方针对IOC在海洋最佳实践方面的需求，筛选出现有比较成熟的我国标准、规程英文版10余项，并以《海洋调查规范　第8部分：海洋地质地球物理调查》为试点，开展我国标准转化为国际海洋最佳实践研究。经过会议期间的反复磋商，并经过评审小组审核，最终该标准被OBP-S批准发布，可网上进行检索，这是我国首个被IOC收录的海洋最佳实践，探索出我国海洋标准国际化的新路径。

（三）标准转化平台的搭建

海洋最佳实践系统作为联合国教科文组织政府间海洋学委员会重点项目之一，是一个永久开放的海洋领域国际最佳实践共享数据库。其目的是在全球范围内收集、存储和共享海洋最佳实践，最终形成针对每个海洋关键要素的一站式搜索平台，满足用户在海洋观测、数据处理及产品制作等方面的需求。截至2019年，该系统已收集并发布700多项海洋最佳实践与研究论文，设置了资料共享来源32项，主要包括世界气象组织、联合国教科文组织政府间海洋学委员会等国际组织，以及美国国家海洋和大气管理局（NOAA）和日本国立海洋研究开发机构（JAMSTEC）等国际知名海洋机构。基于之前巴黎第二届海洋最佳实践（OBP）改进与支撑研讨会的成果和决议，OBP-S系统对于中国在海洋标准及最佳实践领域清晰的管理脉络和数量庞大的标准产品表示赞许，并欢迎和期待中国积极共享海洋最佳实践文件和工作经验。

基于国家海洋标准计量中心在亚太区域中心、OBP-S 系统建设、全球教师学院等工作中的贡献和参与度，IOC 第 30 次大会向中心专家发出参会邀请。借此机会，中方代表与 OBP-S 项目负责人多次协商探讨，最后达成意见，在 OBP-S 系统中加入国家海洋标准计量中心简介及专属分类链接，使国家海洋标准计量中心成为 IOC 最佳实践系统中少数拥有专属链接的国家机构之一，以便日后管理维护和持续上传，为我国标准“走出去”成为 IOC 国际最佳实践搭建了平台，进一步推动我国海洋国际最佳实践的发展。

（四）标准批量“走出去”

国家海洋标准计量中心开展了《海水营养盐测量仪检测方法》《海水溶解氧测量仪检测方法》《海上平台场址工程地质勘查规范》《海底电缆管道路由勘查规范》4 项标准英文版的立项、翻译、审查工作。在此基础之上，向 IOC 海洋最佳实践系统（OBP-S）进行提交，经该系统专家审核通过，成为 IOC 海洋最佳实践，并于 IOC 海洋最佳实践系统（OBP-S）发布。

海洋最佳实践是引领海洋观测技术发展及数据共享的重要一环。国家海洋标准计量中心将利用该国际组织平台积极发出中国声音，贡献中国智慧，宣传我国在海洋标准领域的成功经验，贯彻落实习近平总书记在“一带一路”国际合作高峰论坛的重要讲话精神，对接国际普遍认可的规则、标准和最佳实践。同时，推动我国海洋标准、技术规程“走出去”，深度参与全球海洋治理，为我国进一步在海洋最佳实践及海洋标准国际化领域开展工作奠定良好基础，助力“一带一路”高质量发展。

第八章　有关国内外海洋
标准的比对分析

一、海洋观测领域国内外标准比对研究

（一）概述

目前，我国已发布且现行有效的海洋观测类标准共 10 项，其中，海洋观测基础标准 2 项，观测作业标准 6 项，观测设施标准 2 项。

2006 年，国家质量监督检验检疫总局和国家标准化管理委员会联合发布了 GB/T 14914—2006《海滨观测规范》，作为指导全国各级海洋台站实施海洋观测业务工作的技术依据。这一标准的发布有效地统一了海洋观测的要素、方法和资料处理等技术要求，是迄今为止发布的最重要的海洋标准之一，也是最早的海洋观测作业标准。该标准使用范围广、覆盖海洋单位多、使用人数多，在海洋观测业务化工作中发挥了重要的作用。

2007 年，国家质量监督检验检疫总局和国家标准化管理委员会联合发布了 GB/T 12763—2007《海洋调查规范》部分国家标准，虽然该部分标准属于海洋调查标准范畴，但是其中的 GB/T 12763. 2《海洋调查规范　第 2 部分：海洋水文观测》及 GB/T 12763. 3—2007《海洋调查规范　第 3 部分：海洋气象观测》涉及海洋观测活动，对使用海洋调查船开展海洋观测进行了规定，不仅为海洋调查工作提供了规范化的作业依据，也为以船舶为平台开展海洋观测提供了有利的补充。

2014 年，国家海洋局批准发布了 HY/T 193—2015《海洋观测预报与防灾减灾标准体系》为海洋观测标准的制修订提供了前瞻性和指导性的依据。

随着海洋观测事业的发展和观测技术的进步，2006 年《海滨观测规范》已经不适应新形势下的工作需求，为此，2014 年国家海洋局组织开展了《海滨观测规范》的修订工作，并于 2018 年发布了 GB/T 14914. 1—2018《海洋观测规范　第 1 部分：总则》，于 2019 年发布了 GB/T 14914. 2—2019《海洋观测规范　第 2 部分：海滨观测》。截至目前，已经报批但尚未发布的标准有《海洋观测规范　第 3 部分：

浮标潜标观测》。海洋观测规范的修订对于适应海洋观测工作的新现状和新要求具有重要的意义，将成为新时期海洋观测工作的技术遵循。

国际方面，世界气象组织 2014 年发布了 WMO No. 8《气象仪器和观测方法指南》的最新版本，向其成员国提供了气象观测领域最佳实践、观测系统和仪器的基础能力要求、观测程序方法等方面的指导。虽然该指南并非属于强制性要求其成员国具体实施气象观测的文件，但是却作为一种推荐性的文件，推荐 WMO 成员国在进行气象观测时自觉满足其提出的各种要求，因此该文件也成为海洋水文气象观测中各国共同遵守的行动指南。

本书所述标准比对对象一方面为我国国家标准：GB/T 14914—2006《海滨观测规范》、GB/T 14914. 2—2019《海洋观测规范　第 2 部分：海滨观测》及《海洋观测规范　第 3 部分：浮标潜标观测》，涉及船舶观测的 GB/T 12763. 2—2007《海洋调查规范　第 2 部分：海洋水文观测》及 GB/T 12763. 3—2007《海洋调查规范 第 3 部分：海洋气象观测》；另一方面比对对象为 WMO No. 8《气象仪器和观测方法指南》（2014 版），主要涉及第 2 部分观测系统中的第 4 章海洋观测部分。

（二）标准比对

1. 标准化对象比对

在标准化对象方面，我国海洋观测标准主要标准化对象为海洋观测的要素、观测要求、观测方法和观测数据处理等内容。其中海洋观测要素又可以分为海洋水文要素（温度、盐度、深度、海流、海浪、潮汐、海冰、透明度、水色、海发光等）和海洋气象要素（海面风、气压、空气温湿度、降水量、有效能见度、海雾等）。

WMO No. 8《气象仪器和观测方法指南》所规定的标准化对象主要为海-气界面相关海洋气象要素的现场观测方法和要求，包括气象要素的观测（海面气象和高空气象）及其他重要的海洋要素的观测（海表温度、海浪、海冰、冰山、盐度等）。

从标准化对象来看，比对标准的标准化对象是基本一致的，都涉及海洋观测要素、观测方法及要求，但是侧重点有所不同，国内是海洋水文和海洋气象观测并重，而国际文件则以海洋气象观测为主，兼顾相关重要的海洋水文要素的观测。另外，国内标准化对象还涉及了观测数据的处理、传输相关内容，而本次对比的国际文件中则涉及很少。

2. 适用范围比对

我国国家标准 GB/T 14914—2006《海滨观测规范》和 GB/T 14914.2—2019《海洋观测规范　第 2 部分：海滨观测》主要适用范围是沿海、岛屿、平台上的海洋观测站进行的海滨水文气象观测。

新修订的《海洋观测规范　第 3 部分：浮标潜标观测》主要适用于海洋浮标潜标观测系统开展的海洋观测活动。

GB/T 12763.2—2007《海洋调查规范　第 2 部分：海洋水文观测》和 GB/T 12763.3—2007《海洋调查规范　第 3 部分：海洋气象观测》则分别适用于海洋环境基本调查中的海洋水文观测和海洋气象观测。其中的海洋环境基本调查主要指以船载为平台开展的调查。

WMO No. 8《气象仪器和观测方法指南》主要适用于海洋志愿船舶观测、无人小型船舶观测、锚系浮标观测、漂流浮标观测及塔台观测。

标准适用范围方面，国内外标准基本一致，但也略有不同。由于观测要素侧重点不同，我国海洋观测标准按观测平台分为海滨观测即岸站观测、浮标潜标观测、调查船观测，对海洋水文和气象要素进行观测。WMO No. 8《气象仪器和观测方法指南》志愿船观测、无人船、浮标观测和塔台观测，主要进行海洋气象观测，兼顾海洋水文要素观测。其中塔台观测主要适用于气象观测，基本不对水文进行观测。而我国海洋观测标准则重点强调海洋站的海洋水文气象要素观测。

3. 标准结构比对和主要内容对比

（1）标准结构对比

我国海洋标准总体结构保持了一致，包括前言、范围、规范性引用文件、术语和定义、一般规定及主要技术内容。WMO No. 8《气象仪器和观测方法指南》中关于海洋观测部分为独立的章节（第 2 部分第 4 章），并且文件本身性质为指南而非国际标准，因此结构有较大不同，主要分为总则、船舶观测、锚系浮标观测、无人船观测、塔台观测和漂流浮标观测。具体标准结构对比如表 8.1 所示。

表 8.1　标准总体结构对比

GB/T 14914—2006《海滨观测规范》	GB/T 14914.2—2019《海洋观测规范　第2部分：海滨观测》	《海洋观测规范　第3部分：浮标潜标观测》	GB/T 12763.2—2007《海洋调查规范　第2部分：海洋水文观测》	GB/T 12763.3—2007《海洋调查规范　第3部分：海洋气象观测》	WMO No.8《气象仪器和观测方法指南》第2部分第4章：海洋观测
前言	前言	前言	前言	前言	总则
范围	范围	范围	范围	范围	船舶观测
规范性引用文件	规范性引用文件	规范性引用文件	规范性引用文件	规范性引用文件	锚系浮标观测
术语和定义	术语和定义	术语和定义	术语和定义	术语和定义	无人船观测
一般规定	一般规定	一般规定	一般规定	一般规定	塔台观测
潮汐观测	观测项目及时次	海洋资料浮标观测	水温观测	海面水平能见度观测	漂流浮标观测
海浪观测	潮汐观测	海洋潜标观测	盐度观测	云的观测	—
表层海水温度观测	海浪观测	海床基观测	海流观测	天气现象观测	—
海水盐度观测	表层海水温度观测	海啸浮标观测	海浪观测	海面风观测	—
海发光观测	海水盐度观测	海洋环境噪声测量浮标潜标观测	水位观测	海面空气温度和相对湿度观测	—
海冰观测	海发光观测	漂流浮标观测	海水透明度、水色和海发光观测	气压观测	—
风的观测	海冰观测	剖面探测漂流浮标观测	海冰观测	降水量观测	—
气压的观测	空气温度湿度观测	—	—	高空气压温度湿度探测	—
空气温度湿度	降水量观测	—	—	高空风探测	—
降水量	风的观测	—	—		—
有效能见度	气压的观测	—	—	—	—
观测资料的处理	有效能见度和海雾	—	—	—	—
—	观测资料的传输	—	—	—	—

（2）标准主要内容对比

6项标准中，GB/T 12763.2—2007《海洋调查规范　第2部分：海洋水文观测》、GB/T 12763.3—2007《海洋调查规范　第3部分：海洋气象观测》均为以船舶为载体的观测方式，WMO No.8《气象仪器和观测方法指南》中第2部分第4章

4.2 所述为志愿船观测，因此，对以船舶为观测手段的 3 项标准主要内容进行对比，具体如表 8.2 所示。

表 8.2　基于船舶观测的主要内容对比

GB/T 12763.2—2007《海洋调查规范　第 2 部分：海洋水文观测》	GB/T 12763.3—2007《海洋调查规范　第 3 部分：海洋气象观测》	WMO No.8《气象仪器和观测方法指南》第 2 部分第 4 章 4.2 志愿船观测
一般规定	一般规定	观测要素
水温观测	海面水平能见度观测	仪器要求
盐度观测	云的观测	船舶自动观测
海流观测	天气现象观测	观测时次
海浪观测	海面风观测	数据传输
水位观测	海面空气温度和相对湿度观测	风观测
海水透明度、水色和海发光观测	气压观测	气压、气压趋势及特性
海冰观测	降水量观测	空气温湿度观测
—	高空气压温度湿度探测	海表层温度观测
—	高空风探测	云和天气观测
—	—	能见度观测
—	—	降水量观测
—	—	海浪观测
—	—	海冰观测
—	—	特殊天气现象观测

6 项标准中，新版《海洋观测规范　第 3 部分：浮标潜标观测》为以浮标为载体的观测方式，WMO No.8《气象仪器和观测方法指南》中第 2 部分第 4 章 4.3 内容为锚系浮标观测，因此对以浮标为观测手段的 2 项标准主要内容进行对比，具体如表 8.3 所示。

表 8.3　基于浮标观测的主要内容对比

《海洋观测规范　第 3 部分：浮标潜标观测》	WMO No.8《气象仪器和观测方法指南》第 2 部分：第 4 章 4.3 锚系浮标观测
一般规定	气压观测
海洋资料浮标观测	风观测
海洋潜标观测	温度观测（气温和水温）
海床基观测	无向浪估计

续表

《海洋观测规范　第3部分：浮标潜标观测》	WMO No. 8《气象仪器和观测方法指南》第2部分：第4章4.3锚系浮标观测
海啸浮标观测	有向浪的估计
海洋环境噪声测量浮标潜标观测	海啸波探测
漂流浮标观测	相对湿度
剖面探测漂流浮标观测	海洋传感器
—	海表面流
—	海流剖面
—	盐度观测
—	降水量观测
—	太阳辐射测量
—	能见度观测

另外，由于WMO No. 8《气象仪器和观测方法指南》中第2部分第4章4.5塔台观测所介绍内容非常有限，因此无法给出该部分与GB/T 14914—2006《海滨观测规范》和GB/T 14914.2—2019《海洋观测规范　第2部分：海滨观测》的内容对比。

本次所比对的6项标准，以不同的观测手段对海洋水文和气象要素进行了观测。进行以海洋气象为主的观测时，往往要记录海洋水文观测辅助要素，而进行岸站海洋水文观测时也要求记录相关气象数据，因此，将6项标准中观测要素进行比对，如表8.4所示。

表8.4　观测要素对比

观测要素	GB/T 14914—2006《海滨观测规范》	GB/T 14914.2—2019《海洋观测规范　第2部分：海滨观测》	《海洋观测规范　第3部分：浮标潜标观测》	GB/T 12763.2—2007《海洋调查规范　第2部分：海洋水文观测》	GB/T 12763.3—2007《海洋调查规范　第3部分：海洋气象观测》	WMO No. 8《气象仪器和观测方法指南》第2部分：第4章4.2志愿船观测	WMO No. 8《气象仪器和观测方法指南》第2部分：第4章4.3锚系浮标观测
水温	√	√	√	√	×	√	√
盐度	√	√	√	√	×	×	√
海流	×	×	√	√	×	×	√

续表

观测要素	GB/T 14914—2006《海滨观测规范》	GB/T 14914.2—2019《海洋观测规范 第2部分：海滨观测》	《海洋观测规范 第3部分：浮标潜标观测》	GB/T 12763.2—2007《海洋调查规范 第2部分：海洋水文观测》	GB/T 12763.3—2007《海洋调查规范 第3部分：海洋气象观测》	WMO No.8《气象仪器和观测方法指南》第2部分：第4章4.2志愿船观测	WMO No.8《气象仪器和观测方法指南》第2部分：第4章4.3锚系浮标观测
海浪	√	√	√	√	×	√	√
潮汐（水位）	√	√	√	√	×	×	√
海冰	√	√	×	√	×	√	
海发光	√	√	×	√	×	×	×
水色	×	×	×	√	×	×	×
透明度	×	×	×	√	×	×	√
风	√	√	√	×	√	√	√
高空风	×	×	×	×	√	⊙	⊙
气压	√	√	√	×	√	√	√
高空气压温度	×	×	×	×	√	⊙	⊙
空气温湿度	√	√	√	×	√	√	√
高空温湿度	×	×	×	×	√	⊙	⊙
降水量	√	√	×	×	√	√	√
有效能见度	√	√	√	×	√	√	√
云	×	×	×	×	√	√	×
天气现象	×	×	×	×	√	√	×
太阳辐射	×	×	×	×	×	×	√
海啸	×	×	√	×	×	×	√
海洋环境噪声	×	×	√	×	×	×	×

注：√有该要素；×无该要素；⊙国际文件有该要素但不在比对章节中出现。

从观测要素比对情况来看，我国海洋标准和国际海洋观测文件对观测要素的规定基本一致，一部分项目我国标准要多于国际文件，比如，海发光、水色、海洋环境噪声；另一部分我国标准要少于国际文件，比如，太阳辐射。此外，在国际文件中高空气象探测（高空风、压、温湿度）则不作为主要内容在第2部分第4章海洋观测中提及。

4. 主要技术内容对比

(1) 海洋水文要素观测比对

1) 水温和盐度

本部分内容是 WMO No. 8《气象仪器和观测方法指南》和国内标准 GB/T 14914. 2—2019《海洋观测规范　第 2 部分：海滨观测》、GB/T 12763. 2—2007《海洋调查规范　第 2 部分：海洋水文观测》。

①表层温度观测

观测准确度。WMO No. 8《气象仪器和观测方法指南》对海水表层温度的准确度的要求统一精确到 0. 1℃。国内标准在测量表层海水温度时采用的准确度较高，并且对准确度等级有要求较为严格的划分：《海洋观测规范　第 2 部分：海滨观测》一级最大允许误差为±0. 05℃，二级最大允许误差为±0. 2 ℃，三级最大允许误差为±0. 5℃；《海洋调查规范　第 2 部分：海洋水文观测》一级最大允许误差为±0. 02℃，分辨率为 0. 005℃，二级最大允许误差为±0. 05℃，三级最大允许误差为±0. 2℃。

观测方法。我国海滨观测标准采用岸站温盐井对表层水温进行观测，分为自动观测和人工观测，重点描述观测的操作方法，如规定了表层温盐观测的采样点应位于海面下 0. 5~3 m 处，并测量和记录该深度 [推荐在海面下（吃水线下）1. 0 m 处，或观测平台设计吃水线下 1. 0 m 处]，表层海水温度传感器应安装在温盐井内，随海面升降应始终保持在海面下 0. 5 m 以内等。而对具体使用何种仪器测量没有详细说明。

我国船舶调查标准采用 CTD/XBT/XCTD 观测、走航观测和颠倒温度表观测方法对各层次水温均进行观测，并具体规定了观测的技术要求。

WMO No. 8《气象仪器和观测方法指南》中列出了 4 种观测表层水温的方法：采样法（水桶采样）、冷凝器法、抛弃式温深仪测量法和红外辐射计法，并推荐使用采样法，因为此法可消除因辐射和蒸发而产生的误差。

②表层盐度观测

观测准确度。我国 GB/T 14914. 2—2019《海洋观测规范　第 2 部分：海滨观测》中表层海水盐度的准确度等级分为四级：一级最大允许误差为±0. 02；二级最大允许误差为±0. 05；三级最大允许误差为±0. 2；四级最大允许误差为±0. 5。《海洋调查规范　第 2 部分：海洋水文观测》一级最大允许误差为±0. 02；二级最大允许误差为±0. 05；三级最大允许误差为±0. 2。WMO No. 8《气象仪器和观测方法指南》并未明确规定其准确度。

观测方法。我国 GB/T 14914.2—2019《海洋观测规范　第 2 部分：海滨观测》中表层海水盐度测量采用温盐井布放传感器测量，可分为人工观测和仪器自动化观测。我国海洋调查标准中给出采用定点 CTD 测量盐度、走航式 XCTD 测量盐度，以及采样后实验室测量盐度 3 种观测方法。

WMO No.8《气象仪器和观测方法指南》明确采用浮标观测平台进行盐度观测，但仅给出了仪器测量盐度的原理，直接测量（内部换算得到）及通过计算温度、盐度、深度换算得到盐度。

③对比结论

海水表层温度准确度中国标准要求的指标优于国际文件，等级划分更为细致。观测方法要求侧重点不同，国内标准侧重于观测方法的具体描述，而国际文件只推荐采用哪种观测方法，而不对具体观测操作步骤进行规定。

国内标准对海水盐度准确度进行了规定，而国际上并未进行规定，也没有给出明确的测量方法。

2）海流

本部分内容是 WMO No.8《气象仪器和观测方法指南》与国内标准 GB/T 14914—2006《海滨观测规范》和 GB/T 12763.2—2007《海洋调查规范　第 2 部分：海洋水文观测》的比对。

①观测方法比对

GB/T 14914—2006《海滨观测规范》和 WMO No.8《气象仪器和观测方法指南》中均未对海流观测做明确规定。其中国际文件仅明确了船舶观测海流时采用的方法，即使用浮标或船舶搭载声学多普勒流速仪或使用海流计进行观测或使用表面漂流浮标（SVP）进行观测。

我国 GB/T 12763.2—2007《海洋调查规范　第 2 部分：海洋水文观测》，对海流观测的要素、方法、步骤等做出了详细规定。其中，观测要素主要为流速和流向，同时规定了观测层次和对应的准确度。海流主要观测方法分为：定点测流（锚定船只测流、锚定潜标测流、锚定浮标测流）、漂流浮标测流、走航测流（船载 ADCP 测流）3 种。

由于海流观测在国内属于海洋调查领域范畴，因此，国内海洋观测标准并未进行具体规定。而在国际上，海流观测属于海洋观测的大范畴，因而出现在有关国际文件中。但是，不论是国际文件还是国内海洋调查标准中，海流观测的手段均主要是通过漂流浮标（SVP）、锚系浮标或船舶搭载 ADCP 对海流进行测量。

②比对结论

在海流观测中，国内标准偏重规定具体观测过程，而国际文件只推荐观测方法。国内标准和国际文件在海流观测方法上高度一致，主要采用漂流浮标（SVP）观测法、锚系浮标或船舶搭载ADCP对海流进行测量的方法。

3）海浪

本部分比对对象为我国标准GB/T 14914—2006《海滨观测规范》和WMO No. 8《气象仪器及观测方法指南》。

①观测要素

中国标准中观测项目为：波高、波周期、波型、波向和海况。国际文件观测项目为：波高、波周期、波向。

②单位和测量准确度

a. 波高

中国标准：波高单位为米（m）；并规定了两级准确度，其中一级为±10%，二级为±15%。

国际文件：观测单位为米（m），并未明确准确度。

b. 波周期

中国标准：波周期单位为秒（s），准确度为±0. 5 s。

国际文件：波周期单位为秒（s），但并未规定准确度。

c. 波向

中国标准：记录单位为度（°）；并规定了两级准确度，其中一级为±5°，二级为±10°。

国际文件：以01~36数字表示风向，但并未规定准确度。

③观测方法

a. 船舶观测（目测法）

船舶观测海浪主要采用目测的方法。中国标准及国际文件均给出了目测海浪的方法，此外，中国标准还对自动化观测海浪做出了规定。以下仅对可比较项做出比对。

波向观测。在我国标准中，波向观测要求测量风浪、涌浪和综合浪的波向，观测结果以整数表示，同时，在观测波向时，还要区分波型并记录。在国际文件中，观测波向时，如有可能则要区分波浪的类型是风浪还是涌浪，可以将混合浪中较小的视为风浪，较大的视为涌浪，但这一经验也不完全正确。观测波向时应面对波的来向进行观测，若具有相似特点（波高和波长相同）的波的波向有30°以上的差异时，则视为不同波列的波。

波周期观测。观测波周期时，我国标准要求选取海面上某固定点，目测连续10个波通过某固定点的时间，重复测3次，取平均值作为波周期，记录到0. 1 s。国际文件中波周期的观测共提供了3种方法，包括海上漂浮目标测量法、连续波测量法（在一组波中取15～20个波形态较完整的波，计算波高和波周期）、观测船艏法。

波高观测。我国标准规定，在平均周期100倍的时间内，观测某固定点，估计十分之一大波波高和最大波高并记录到0.1 m。国际文件中，波高的观测分为两种不同情况：第一，当波长小于船长时，站在船边尽量低的位置，朝着海浪来的方向，观测船体上的水位标志；第二，当波长大于船长时，从水平线位置开始观测，到波峰或波谷的高度为波高。

海况观测。我国标准要求按照0～9级的海况等级表所反映的海浪特征记录海况，并给出了描述各等级海况特征的表。在国际文件中，海况的观测给出了10级海浪分级，要求依据该分级进行观测。与我国标准不同的是：该分级具体规定了每一级对应的波高范围，精确到米；而我国标准的海况分级仅为对海浪外观的定性描述。

b. 浮标观测

利用浮标观测波浪是波浪观测的另一种重要形式，也是一种自动化的波浪观测手段。在中国标准中，使用浮标观测时，要求浮标布放位置水深不小于10 m，且海底平坦，避开急流区。采样时间间隔小于0或等于0.5 s，连续记录的波数不少于100个，记录时间长度视平均周期的大小而定，一般取17～20 min。波高与波周期的观测包括最大波高及其对应周期、十分之一大波波高及其对应周期、有效波波高及其对应周期、平均波高及其对应周期等特征值。

在国际文件中并未直接规定浮标观测波浪的具体要求，而是推荐美国国家浮标数据中心发布的NDBC（2003，2009）作为浮标观测波浪的最佳实践。同时国际文件也给出了有方向波和无方向波波要素的计算方法。

④比对结论

我国标准在海浪观测中，对观测要素及其准确度、单一观测方法的规定要更为详细。国际文件对于目测海浪的方法介绍得更为丰富，结合船舶目测的实际给出了更多的观测方法和注意事项。对于比较成熟的浮标观测海浪的方法，我国标准进行了具体规定，而国际文件则是推荐目前较为成熟的他国标准或规范作为观测依据。

4）海冰

本部分比对对象为我国标准GB/T 14914—2006《海滨观测规范》和WMO No. 8《气象仪器及观测方法指南》。

①观测要素

我国标准对海冰观测的要素要求比较多。对于浮冰，主要包括冰量、冰型、冰表面特征、冰状、最大浮冰块水平尺度、浮冰密集度、浮冰漂流方向和速度。对于沿岸冰，应测量海冰堆积量、海冰堆积高度、固定冰高度、固定冰宽度、海冰厚度、海冰温度、海冰盐度、海冰密度和海冰单轴抗压强度。此外，我国标准还规定了每种观测要素的记录单位和准确度。

国际文件对于冰的观测主要是浮冰和冰山，主要观测要素包括冰厚、冰量、冰型和浮冰的运动，并未明确观测要素的单位和准确度水平。

②观测方法

a. 观测点的选择

海冰的观测方法主要有目测法和雷达测量法，我国标准和国际文件均只对目测方法进行了规定或描述。而对于冰山的观测，国际文件则明确指出：由于冰山的反射效果不佳，因此不适宜采用雷达观测方法。

我国标准规定，观测点应濒临海岸，视野开阔，观测视角大于 120°，海拔高 10 m 以上，能观测到当地重要海区（港湾、航道、锚地或海上建筑物等所在的海域）的海冰状况。当处于严重冰期时，观测点应具备冰面平整，无杂质和积雪，含沙质较少，冰质较坚硬，冰厚在 10 cm 以上等条件。

国际文件规定了两条观测海冰应遵循的原则，一是观测海冰时应选取视野开阔、位置较高、便于观测的位置进行观测，比如，在灯塔、桥梁、船舶的瞭望塔上进行观测；二是海冰的观测范围不应超出以从观测点到地平线距离的一半为半径形成的圆的范围。

b. 各要素的观测

我国标准对海冰各要素观测方法的规定不仅比较详细，还明确了测冰基线、能见水平最大远程的确定方法，以及初（终）冰日期的确定方法。而国际文件在这部分偏重于介绍各种类型海冰的生成机制或形成过程，而对观测方法进行的规定比较简略。

冰厚。我国标准规定冰厚是平整冰表面至冰底的垂直距离。观测时，在固定冰表面沿基线方向均匀地选取 2~5 个点做冰厚的固定观测点，钻孔观测其厚度，记在相应的孔号栏内，同时记录该孔到岸的距离。国际文件则是通过冰的生成发展过程所处的状态（例如，新冰、青年冰、一年冰、老年病、碎冰）所对应的厚度范围来判断冰厚。

冰量。我国标准和国际文件在冰量的概念上保持一致，均为海冰覆盖面积占整个能见海面的成数，均采用 0~10 等份的记录方法进行记录。

冰型。我国标准规定：冰型主要包括浮冰冰型及固定冰冰型。其中，浮冰冰型按浮冰的生长过程又分为初生冰、冰皮、尼罗冰、莲叶冰、灰冰、灰白冰、白冰共

7种；固定冰可分为沿岸冰、冰脚、搁浅冰3种。国际文件主要判断是固定冰还是浮冰，以及浮冰的尺寸。其中，浮冰按尺寸大致划分为冰厚小于30 cm、冰厚介于30 cm和2 m之间（主要为一年冰。薄一年冰为30～70 cm，中一年冰为70～120 cm，厚一年冰在冬季结束时可达2 m厚），以及老冰（冰厚1.2～3 m及以上）3种。同时，在1970年发布的WMO Sea-ice Nomenclature（WMO No.259）给出了各种冰划分的依据和图示，并推荐按照该文件的规定对海冰进行识别。

浮冰的运动。我国标准主要观测浮冰的漂流方向和漂流速度。漂流方向以浮冰飘去的方向作为漂流方向，漂流速度借助罗盘或方位盘进行测量，按其移动速度分为很慢（≤0.3 m/s）、明显（0.3～0.5 m/s）、快（0.5～1.0 m/s）、很快（≥1.0 m/s）4种。国际文件则未明确规定具体观测事宜，仅指出浮冰的运动与其分解的作用相关。

其他。我国标准在对其他海冰要素进行观测后，要求绘制冰情图，几乎包含了所有观测的冰要素信息。而在国际文件中，为了便于海冰观测和预报信息的交换，WMO设置了一组海冰符号用于在地图上表示海冰状态信息。

③比对结论

我国观测标准中对海冰的观测要素规定较多，而国际文件中仅有4项，因此，我国海冰观测要求比国际文件的要求更为丰富。对冰量的观测，我国标准和国际文件保持一致。而冰厚、冰型的观测则不完全一致。其中，对于冰厚，我国标准要求实测得到，而国际文件仅通过判断冰型进行判断，并未指出具体测量要求。而对于冰型的划分，我国的划分更为系统，国际文件则是依据海冰的生长过程所处的不同阶段进行划分。此外，国际文件中通过推荐有关标准规范，对海冰类型的具体划分、在海图中表达符号等另做规定，便于使用和信息交换。

（2）海洋气象要素观测比对

1）风

本部分对比了国际文件WMO No.8《气象仪器和观测方法指南》和国内标准GB/T 12763.3—2007《海洋调查规范　第3部分：海洋气象观测》《海洋观测规范　第3部分：浮标潜标观测》中关于海洋气象要素的观测技术要求。

①测量准确度

国际文件和中国标准关于风速的观测准确度一致，要求均为当风速不大于5.0 m/s时，最大允许误差为±0.5 m/s；当风速大于5.0 m/s时，最大允许误差为观测值的±10%。

中国标准对风向的观测准确度分为两个等级，一级最大允许误差为±5°；二级最大允许误差为±10°。国际文件没有有关二级最大允许误差的要求。

②观测方法

a. 人工目测

中国标准和国际文件均通过风速等级表确定人工目测风速，中国标准和国际文件中的风速等级表对风速级别、对应的风速和表现描述内容一致；中国标准目测风向按八方位估测，国际文件没有找到对风向估测的要求。

b. 仪器观测

国际文件和中国标准关于仪器观测的测量方法要求一致，均为每 3 s 采集一次，连续采样 10 min。其中，GB/T 12763.3—2007《海洋调查规范　第 3 部分：海洋气象观测》规定观测到的合成风速、风向，要根据船只的航速、航向和船艏方向换算成风速和相应风向。《海洋观测规范　第 3 部分：浮标潜标观测》规定风的观测高度订正到海平面 10 m，最终计算的风向也应经过校正。而国际文件中也提到了记录风力计位置、船速和船方向等参数的重要性。

c. 比对结论

风要素观测方面，准确度要求国内外标准基本一致，风向观测准确度划分方面中国标准更加细致。观测方法基本相同，采用人工测量和仪器自动化测量。国际文件和中国标准关于仪器观测的测量方法要求一致。

2）气压

本部分比对了国际文件 WMO No. 8《气象仪器和观测方法指南》和我国国家标准 GB/T 14914.2—2019《海洋观测规范　第 2 部分：海滨观测》中关于海面气压的观测要求。

①观测要素及准确度

WMO No. 8《气象仪器和观测方法指南》中的海洋观测部分规定观测要素为大气压、气压特性和气压趋势。

GB/T 14914.2—2019《海洋观测规范　第 2 部分：海滨观测》规定观测要素为气压、日最高气压、日最低气压，计算海平面气压；气压的单位为百帕（hPa）。气压的准确度等级分为三级：一级最大允许误差为±0.1 hPa；二级最大允许误差为±0.5 hPa；三级最大允许误差为±1 hPa。

②观测方法及要求

WMO No. 8《气象仪器和观测方法指南》要求采用精密的无液气压计或刻度盘无液气压计或电子数字无液气压计来测量气压。在人工观测中，取最后读取的气压计读数作为报告气压。大多数船报告气压时应精确到小数点后一位数字。人工观测时，过去 3 h 的气压倾向特征和气压变量可由海上气压计获得，最好是由带有 1 hPa 刻度的微压计得出。此外还对仪器修正、校准等做了规定。

GB/T 14914.2—2019《海洋观测规范　第2部分：海滨观测》对观测仪器安装的要求为：气压传感器应安装在温度少变，震动小的气压室内（或特制的保护箱内）。安装后应测定传感器的高程；自动观测时，从每日记录的1 min本站气压值中，挑选出日最高气压和日最低气压。人工观测时，气压观测数据保留一位小数。气压仪器读数经订正后，为本站气压。本站气压经高度差订正即为海平面气压。

③比对结论

GB/T 14914.2—2019《海洋观测规范　第2部分：海滨观测》主要规定了沿海、岛屿和平台上的海洋观测站（点）进行的气压观测，观测要素规定更多，并对准确度进行了规定；但并未对仪器修正、校准等做出要求。WMO No.8《气象仪器和观测方法指南》中海洋观测主要为志愿观测船上进行的观测，观测平台不同，且未对准确度提出详细要求。

3）温湿度

本部分比对了国际文件WMO No.8《气象仪器和观测方法指南》和我国国家标准GB/T 14914.2—2019《海洋观测规范　第2部分：海滨观测》GB/T 12763.3—2017《海洋调查规范　第3部分：海洋气象观测》关于海面温湿度的观测要求。

①观测要素及准确度

WMO No.8《气象仪器和观测方法指南》观测要素为海表面空气温度和湿度。

我国两项国家标准中观测要素均为空气温度、相对湿度、日最高空气温度、日最低空气温度、日最小相对湿度。空气温度的单位为摄氏度（℃）。空气温度的准确度等级分为两级：一级最大允许误差为±0.2℃；二级最大允许误差为±0.5℃。

②观测方法及要求

WMO No.8《气象仪器和观测方法指南》要求采用温度计和单独的湿度计来独立测量参数。测量仪器应有良好的通风，也必须很好地暴露在来自海上的新鲜气流中，除此之外还应外加防护罩，以对辐射、降水和浪花进行充分防护。

GB/T 14914.2—2019《海洋观测规范 第2部分：海滨观测》规定温度传感器应安装在气象观测场专用百叶箱内，传感器中心离地面的高度为（1.50±0.05）m。GB/T 12763.3—2017《海洋调查规范 第3部分：海洋气象观测》也规定空气温湿度传感器的安装应尽量避免周围热源与辐射的影响。

观测方法方面，我国标准均要求空气温度、相对湿度应连续观测，每3 s采样一次，连续采样1 min，经误差处理后，计算样本数据的平均值作为分钟记录，并挑选出日最高空气温度、日最低空气温度和日最小相对湿度，用整点前1 min内的平均值作为该整点的空气温度、相对湿度值；空气温度观测数据保留一位小数，空气温度在0.0℃以下时，记录数值前加“-”号，相对湿度观测数据保留整数。

③ 比对结论

我国国家标准 GB/T 14914.2—2019《海洋观测规范 第2部分：海滨观测》主要规定了沿海、岛屿和平台上的海洋观测站（点）进行的温度和相对湿度观测。而 GB/T 12763.3—2017《海洋调查规范 第3部分：海洋气象观测》和 WMO No.8《气象仪器和观测方法指南》则主要规定了船舶上开展的空气温度和湿度观测。

我国国家标准对观测要素规定更细，并对观测准确度进行了要求，而国际文件则没有规定。

4）海面有效能见度和海雾

本部分比对了国际文件 WMO No.8《气象仪器和观测方法指南》和我国国家标准 GB/T 14914.2—2019《海洋观测规范 第2部分：海滨观测》中关于海面有效能见度和海雾的观测要求。

①观测要素及准确度

WMO No.8《气象仪器和观测方法指南》规定的观测要素为海面能见度，并且海洋观测部分把能见度这一要素放到了云和天气一节进行说明。

GB/T 14914.2—2019《海洋观测规范 第2部分：海滨观测》中观测要素为海面有效能见度、雾及其起止时间。海面有效能见度单位为千米（km）。海面有效能见度的准确度等级分为两级：一级最大允许误差为观测值的±10%；二级最大允许误差为观测值的±20%。

②观测方法及要求

WMO No.8《气象仪器和观测方法指南》规定在海上能见度的观测以陆地上一些固定点或船只为参照物，进行测量。在缺少其他目标物的情况下，当从不同的高度观察到地平线的出现，这也可以作为估计能见度的一个依据。

GB/T 14914.2—2019《海洋观测规范 第2部分：海滨观测》要求观测点应选择在视野开阔的地方。海面有效能见度传感器应安装在牢固的基座上，尽量减少灰尘的污染并朝向主要观测海面。海面有效能见度观测数据保留一位小数，不足 0.1 km 时，记为“0.0”。当因雾导致海面有效能见度小于 1.0 km 时，记录雾。

③比对结论

WMO No.8《气象仪器和观测方法指南》海洋观测部分对海面能见度的观测方法进行了描述，但并未对准确度、误差及仪器安装要求做出规定。我国标准对海面能见度的观测要素及其准确度要求、观测仪器安装要求更明确。

5）降水量

本部分比对了国际文件 WMO No.8《气象仪器和观测方法指南》和我国国家标准 GB/T 14914.2—2019《海洋观测规范 第2部分：海滨观测》中关于降水量的

观测要求。

①观测要素及准确度

WMO No. 8《气象仪器和观测方法指南》海洋观测部分指出完整的降水测量包括降水量测定和降水持续时间测定两个方面。

GB/T 14914. 2—2019《海洋观测规范　第 2 部分：海滨观测》中观测要素为日降水总量；降水量的单位为（mm）。日降水量大于 10. 0 mm 时，最大允许误差为观测值的±4%；日降水量小于等于 10. 0 mm 时，最大允许误差为±0. 4 mm。

②观测方法及要求

WMO No. 8《气象仪器和观测方法指南》要求测量降水量应当用适合船上使用的雨量器测量。志愿观测船通常不报告有关降水的信息。固定站或装备了雨量计的船舶就可报告降水测量结果。从浮动站或固定站（灯船、海洋站船、大型浮标、观测塔等）得到的降水测量资料是比较有价值的。

GB/T 14914. 2—2019《海洋观测规范　第 2 部分：海滨观测》规定雨量器安装在观测场内，缘口水平，距地面高度应为（70±3）cm；分为自动观测和人工观测，蒸发作用强烈时，降水停止后，应及时量取降水量。降水量观测数据保留一位小数；无降水时，降水栏空白；降水量不足 0. 05 mm 时记“0. 0”。当单纯出现纯雾、露、霜、雾凇、吹雪时，不观测、不记录降水量。出现雪暴时，应观测其降水量。

③比对结论

WMO No. 8《气象仪器和观测方法指南》的海洋观测部分主要进行的是基于志愿观测船的观测，志愿观测船通常不报告有关降水的信息。我国标准主要是针对海洋观测站观测降水量进而规定相关要求的，因而观测要素、准确度、观测要求规定的更加明确。

6）云

本部分比对了国际文件 WMO No. 8《气象仪器和观测方法指南》和我国国家标准 GB/T 12763. 3—2017《海洋调查规范　第 3 部分：海洋气象观测》中关于云的观测要求。

①观测方法及要求

WMO No. 8《气象仪器和观测方法指南》中的海洋观测部分规定在志愿船上对云进行目视观测。云底高度的观测在没有仪器设备可供利用时，需要靠估计。

GB/T 12763. 3—2017《海洋调查规范 第 3 部分：海洋气象观测》规定云的观测要素为总云量、低云量、云状、低云高。云量以成数进行记录，低云高记录到米，准确度±10%。云状按高、中、低三族十属二十九类进行观测，并给出了云状的具体分类表。

②比对结论

国际文件并未给出具体的对云观测的要求，而我国标准则有明确的观测要素、观测方法、记录要求，并给出了具体的云状分类，便于具体观测。

5. 标准比对结论

从国内海洋观测标准和国际文件的标准化对象、适用范围、标准结构、主要内容和具体技术内容进行比对的情况来看，得出如下比对结论：

（1）标准化对象基本一致。国内外标准/技术文件的标准化对象均为海洋水文和气象要素的观测方法和技术要求。我国标准在观测数据的处理方面也进行了规定，标准化对象范围要略大于国际文件。

（2）标准适用范围侧重点存在不同。WMO No. 8《气象仪器及观测方法指南》侧重以船载为平台的海洋气象观测，兼顾水文观测。我国海洋观测标准按照观测平台分为海滨观测、浮标潜标观测、船舶观测等，对海洋水文和气象要素的观测并重。

（3）标准结构不一致。我国标准结构按照标准编写规则，按照固定格式进行编排。WMO No. 8《气象仪器及观测方法指南》中有关观测的部分仅为一章，并且本身该文件的性质并非 ISO、IEC 等发布的国际标准，因此结构上存在较大差异。

（4）标准主要内容基本一致，观测要素略有不同。从标准比对主要内容上来看，无论是国内海洋观测标准还是 WMO No. 8《气象仪器及观测方法指南》都以观测要素为主，规定观测方法和技术要求，所不同的是观测要素有较小的差别。部分项目我国要多于国际（如海发光、水色、海洋环境噪声），部分项目我国要少于国际（如太阳辐射）。

（5）观测技术指标与方法方面，总体看我国在观测要素技术指标上规定更为详细，比如，划分了准确度等级、观测要素更多，部分指标优于国际文件。观测方法上与国际文件相比，大部分要素观测方法是一致的，少部分因为观测平台的差异而不同。

①海水表层温度。船舶观测及岸站观测准确度指标均高于 WMO No. 8《气象仪器及观测方法指南》。《海滨观测规范》（一级 MPE±0.05℃），《海洋调查规范　第2部分：海洋水文观测》（一级 MPE±0.02℃，分辨率 0.005℃）国际标准只要求温度计读数到 0.1℃即可。

观测方法不完全相同。我国标准海滨观测采用岸站温盐井观测方法，船舶调查观测采用 CTD/XBT/XCTD、走航观测和颠倒温度表观测方法，国外船舶观测时采用水桶采样法、冷凝器法、抛弃式温深仪（XBT）测量法和红外辐射计法，并推荐采用水桶采样法。

②海水表层盐度。国际文件未对准确度指标做明确规定，我国部分标准有规定。观测方法国际国内均采用浮标搭载仪器进行观测。另外国内岸站观测采用温盐井观测，调查船采用 CTD 等仪器观测

③海流观测。国内外海流观测方法基本一致，主要采用漂流浮标（SVP）观测法、锚系浮标或船舶搭载 ADCP 对海流进行测量。不同之处在于国内标准偏重规定具体观测过程，而国际文件只推荐观测方法。

④海浪观测。我国海浪观测要素、准确度、观测方法规定比国际文件更加详细。国内外观测方法基本一致，采用目测和浮标观测。

⑤海冰观测。我国观测标准中对海冰的观测要素规定多于国际文件。观测方法中，冰量观测方法一致；我国标准规定冰厚由实测得到，国际文件中船载观测法只通过冰型估计冰厚；冰型划分方法不一致，我国标准规定更加系统。

⑥风的观测。准确度要求国内外基本一致，风向观测准确度划分方面中国标准更加细致。观测方法基本相同，采用人工测量和仪器自动化测量。国际文件和中国标准关于仪器观测的测量方法要求一致。

⑦气压观测。我国标准规定了更多的气压观测要素，并规定了准确度。国际文件气压观测要素较少，且未规定准确度。观测平台不同，但方法相同，均采用仪器进行观测。

⑧温湿度观测。观测要素我国国家标准规定更细，并对观测准确度进行了要求，而国际文件则没有规定。观测平台不同，但观测方法基本一致，均为采用温湿度传感器（温湿度计）进行观测。

⑨海面能见度观测。我国标准对海面能见度的观测要素及其准确度要求、观测仪器安装进行了明确规定，国际文件仅描述观测方法。观测方法一致，均为目测。

⑩降水量观测。因观测平台不同，海洋站通常观测降水量，而船舶一般不报告降水量，因此国际文件并未进行详细规定。

⑪云的观测。国际文件规定云的观测并不具体，而我国标准则给出了云的观测要素、观测方法以及云状分类等信息。

（三）海洋观测领域标准“走出去”建议

从比对结果来看，我国海洋观测标准的技术内容总体上与国际文件保持一致。观测要素基本一致，但也有不同。观测方法基本一致，但根据平台不同会采用不同的观测方法。我国标准在具体观测要素、观测技术要求上规定更加详细，部分技术指标优于国际文件规定的指标。针对上述比对结论，结合海洋观测领域发展现状提

出以下标准“走出去”建议。

（1）充分进行标准比对分析。在向国外转化标准之前应充分分析研究国外标准及国际相关标准、规范、文件等，开展国内外标准比对，分析标准间技术水平差异，为标准转化找到切入点。

（2）积极参与国际标准/国际组织规范制定。根据国内外标准差异性分析、标准水平分析、技术指标分析等，有计划地参与国际标准/国际组织规范制定，将我国具有代表性的、高水平的标准，或我有他无的标准技术内容制定为国际标准/最佳实践/国际组织规范。

（3）注重标准在国外的实际应用。由于观测方法差异性、观测要素差异性、观测平台差异性等原因，要充分分析我国标准在国外标准的适用性，并针对性地做出调整，或多个国内标准结合，满足当地用户使用需求。

（4）定期开展国外标准跟踪分析。定期搜集国外、国际相关海洋观测标准，进行差异性分析，不定期进行标准文本修订，使我国标准技术水平保持先进性。

二、海水循环冷却领域国内外标准比对研究

海水循环冷却技术是工业冷却水处理技术领域的一个新兴分支，其研究和应用始于20世纪70年代的美国，在我国的发展尚不满20年。该技术是在海水直流冷却技术和淡水循环冷却技术基础上提出的，其技术要点是，以原海水替代淡水作为冷却介质，经换热设备完成一次冷却后，再经冷却塔冷却，然后循环使用的冷却水处理技术，其简化流程如图8.1所示。

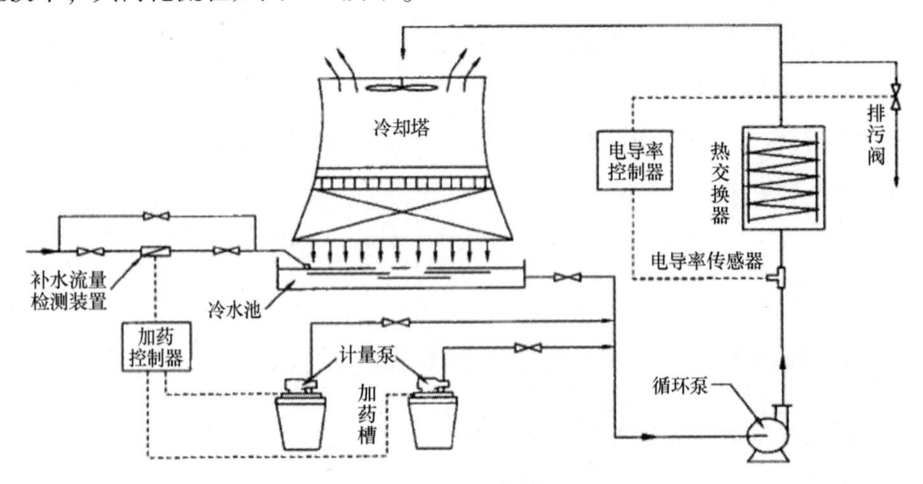

图8.1　循环冷却水系统简化流程

截至目前，国外有关海水循环冷却技术领域的标准化工作基本涵盖在工业水处理技术领域中，尚未见有关海水循环冷却技术的标准单行本。因此，对国外海水循环冷却技术领域的标准化研究需从工业水处理技术领域开始。

（一）海水循环冷却领域国际标准化研究

与海水循环冷却相关的国际标准化组织主要是国际标准化组织（International Organization for Standardization，ISO），它是一个全球性的非政府组织，中国也是其成员国之一。

在 ISO 官方网站（https：//www. iso. org/）共检索到 14 项与海水循环冷却相关的国际标准（表 8.5）。这 14 项标准涉及的技术内容有 5 个方面，包括：

——工业冷却水回用；

——冷却塔性能测试；

——水处理剂和水处理方案的试验评估；

——水质分析；

——腐蚀防护。

14 项标准中，除 7 项涉及水样采集和分析的方法标准和 1 项腐蚀防护标准明确说明了适用于海水水质外，其余 5 项有关冷却水回用、冷却塔测试和水处理剂试验标准均未明确涉及海水，仅是针对工业冷却水提出的通用型技术要求。海水循环冷却技术作为工业冷却水处理技术领域的一个分支，以上通用型要求同样适用于海水循环冷却技术。

表 8.5 与海水循环冷却领域相关的 ISO 标准

序号	标准名称	标准号	文献来源
1	Industrial cooling water reuse —— Part 1：Classification for industrial cooling water systems 《工业冷却水再利用 第 1 部分：工业冷却水系统分级》	ISO/CD 22449-1	https：//www. iso. org/
2	Industrial cooling water reuse —— Part 2：Guidelines for cost analysis 《工业冷却水再利用 第 2 部分：成本分析指南》	ISO/CD 22449-2	https：//www. iso. org/
3	Water - cooling towers —— Testing and rating of thermal performance 《冷却水塔 热性能测试和评价》	ISO 16345：2014	https：//www. iso. org/

续表

序号	标准名称	标准号	文献来源
4	Corrosion of metals and alloys —— Corrosion and fouling in industrial cooling water systems —— Part 1：Guidelines for conducting pilot-scale evaluation of corrosion and fouling control additives for open recirculating cooling water systems 《金属和合金腐蚀——工业冷却水系统的腐蚀和污垢 第 1 部分：开放式再循环冷却水系统腐蚀和污垢控制添加剂试点评价指南》	ISO 16784-1：2006	https：//www. iso. org/
5	Corrosion of metals and alloys —— Corrosion and fouling in industrial cooling water systems —— Part 2：Evaluation of the performance of cooling water treatment programmes using a pilot-scale test rig 《金属和合金腐蚀——工业冷却水系统的腐蚀和污垢 第 2 部分：使用试验规模的测试设备对冷却水处理项目的性能进行评价》	ISO 16784-2：2006	https：//www. iso. org/
6	Water quality —— Sampling —— Part 7：Guidance on sampling of water and steam in boiler plants 水质——取样——第 7 部分：锅炉厂水和蒸汽取样指南	ISO 5667-7：1993	https：//www. iso. org/
7	Water quality —— Determination of free chlorine and total chlorine —— Part 1：Titrimetric method using N，N-diethyl-1，4-phenylenediamine 水质——游离氯和总氯的测定——第 1 部分：N，N-二乙基-1，4-苯二胺滴定法	ISO 7393-1：1985/ Cor 1：2001	https：//www. iso. org/
8	Water quality —— Determination of free chlorine and total chlorine —— Part 2：Colorimetric method using N，N-diethyl-1，4-phenylenediamine，for routine control purposes 水质——游离氯和总氯的测定——第 2 部分：使用 N，N-二乙基-1，4-苯二胺进行常规控制的比色法	ISO 7393-2：2017	https：//www. iso. org/
9	Water quality —— Determination of phosphorus —— Ammonium molybdate spectrometric method 水质——磷的测定——钼酸铵光谱法	ISO 6878：2004	https：//www. iso. org/
10	Water quality —— Detection and enumeration of Pseudomonas aeruginosa —— Part 2：Most probable number method 水质——铜绿假单胞菌的检测和计数——第 2 部分：最可能数法	ISO 16266-2：2018	https：//www. iso. org/

续表

序号	标准名称	标准号	文献来源
11	Water quality —— Detection and quantification of Legionella spp. and/or Legionella pneumophila by concentration and genic amplification by quantitative polymerase chain reaction (qPCR) 水质——通过定量聚合酶链反应的浓度和基因扩增检测和量化军团菌属和/或嗜肺军团菌	ISO/TS 12869：2019	https：//www. iso. org/
12	Water quality —— Determination of pHt in sea water——Method using the indicator dye m-cresol purple 水质——海水中 pHt 的测定——使用指示性染料间甲酚紫法	ISO 18191：2015	https：//www. iso. org/
13	Water quality —— Determination of total alkalinity in sea water using high precision potentiometric titration 水质——使用高精度电位滴定法测定海水中的总碱度	ISO 22719：2008	https：//www. iso. org/
14	General principles of cathodic protection in sea water 海水中阴极保护的总体原则	ISO 12473：2017	https：//www. iso. org/

（二）主要国家海水循环冷却领域标准化研究

1. 中国

我国的海水循环冷却技术从无到有尚未满 20 年，但近年来，该技术在我国的工程应用渐呈加速趋势。良好的工程应用态势也有力地推动了海水循环冷却技术的进步。在我国，海水循环冷却技术领域的标准化研究一直与该技术的发展和应用同步，二者相生相伴、互促互进。经过近 20 年的技术发展和工程实践，海水循环冷却技术领域标准体系逐渐完善，标准所涉的技术内容不断丰富。自从第一部海水循环冷却领域国家标准 GB/T 23248—2009《海水循环冷却水处理设计规范》在 2009 年发布实施以来，我国又相继发布实施了一系列适用于浓缩海水的水质检测方法和海水水处理药剂性能评定方法国家标准和海洋行业标准，与 GB/T 23248—2009 共同构成了我国海水循环冷却领域现行标准体系。

（1）战略研究

标准化工作是推动技术领域走向程序化、制度化、规范化发展的重要举措，海水循环冷却领域的标准化工作受到了国家和相关部门的高度重视，已多次被明确纳入国家和海洋行业标准发展规划和计划中，详细规划和计划清单见表 8.6。

表 8.6　与海水循环冷却领域标准化相关的规划、计划清单

序号	规划、计划名称	发布部门	发布时间
1	海水利用标准发展计划	国家标准化管理委员会、国家发展和改革委员会、科技部、国家海洋局	2006 年 1 月
2	2005—2007 年资源节约与综合利用标准发展计划	国家标准化管理委员会、国家发展和改革委员会等 14 个相关部门	2006 年 4 月
3	2008—2010 年资源节约与综合利用标准发展规划	国家标准化管理委员会、国家发展和改革委员会等相关部门	2008 年 11 月
4	全国海洋标准化“十一五”发展规划	国家海洋局	2008 年 11 月
5	全国海洋标准化“十二五”发展规划	国家海洋局、国家标准化管理委员会	2012 年 4 月
6	全国海洋标准化“十三五”发展规划	国家海洋局、国家标准化管理委员会	2016 年 9 月
7	国家标准化体系建设发展规划（2016—2020 年）	国务院办公厅	2015 年 12 月
8	2007 年第一批国家标准制修订计划	国家标准化管理委员会	2007 年
9	2008 年资源节约与综合利用、安全生产等国家标准制修订计划	国家标准化管理委员会	2008 年 12 月
10	2008—2009 年资源节约与综合利用海洋标准制修订计划	国家标准化管理委员会	2008 年
11	2017 年第一批国家标准制修订计划	国家海洋局	2017 年 5 月
12	2006 年度海洋行业标准制修订计划	国家海洋局	2006 年
13	2007 年度海洋行业标准制修订计划	国家海洋局	2007 年
14	2007 年度第三批海洋行业标准制订计划	国家海洋局	2007 年
15	2014 年度海洋行业标准制修订计划	国家海洋局	2014 年
16	2018 年自然资源（海洋领域）标准制修订工作计划	自然资源部	2018 年

原国家海洋局和国家标准化管理委员会为科学、有序地引导海水冷却领域标准化工作，在连续 3 个全国海洋标准化发展五年规划中将海水冷却领域标准的制修订工作列入了主要任务中，并做出从点到面、从单个标准制修订到标准体系建设的循序渐进式发展规划。《全国海洋标准化“十一五”发展规划》在“制修订一批急需、适用的标准”的主要任务中明确提出要研制海水冷却技术方面的基础标准、方法标准、产品标准。《全国海洋标准化“十二五”发展规划》中进一步提出“为加

快海水利用产业化发展，要重点开展海水直接利用方面标准的制修订工作”，加大工作力度。《全国海洋标准化“十三五”发展规划》明确“加快推进海水淡化与综合利用海洋标准体系建设”为“优化海洋标准体系”的主要任务之一。2015 年 12 月，国务院办公厅出台《国家标准化体系建设发展规划（2016—2020 年）》，在“工业标准化重点”中也明确提出要“研制海水淡化与综合利用技术标准”，其中包括海水循环冷却领域标准。

2006 年国家标准化管理委员会、国家发展和改革委员会、国土资源部、国家海洋局等 14 个部门联合发布了《2005—2007 年资源节约与综合利用标准发展计划》，该计划在节水重点项目中明确列出要主要围绕海水利用等领域开展标准的制修订。2008 年印发的《2008—2010 年资源节约与综合利用标准发展规划》，在节水重点项目中再次明确要加强海水（苦咸水）淡化利用等领域节水标准的制修订工作，要求重点开展工业循环水和海水（苦咸水）淡化等方面的标准制修订。

2006 年 1 月，国家标准化管理委员会还会同国家发展和改革委员会、科技部和国家海洋局联合发布了《海水利用标准发展计划》，为海水冷却领域标准勾画了多层次的体系结构，内容涵盖术语和符号、工程设计、运行管理、冷却技术和产品、药剂防腐、水质要求和气化剂等，并明确总体目标、近期目标和远期目标。

为落实上述标准发展规划和计划，海水循环冷却领域共有 1 项国家标准列入《2007 年第一批国家标准制修订计划》，10 项国家标准列入《2008 年资源节约与综合利用、安全生产等国家标准制修订计划》中，2 项国家标准列入《2017 年第一批国家标准制修订计划》。为监管和推进标准任务的编制，国家海洋局和全国海洋标准化技术委员会也相继发布《关于下达 2008—2009 年资源节约与综合利用海洋标准制修订计划的通知》（国海环字〔2009〕93 号）和《关于开展 2008—2009 年资源节约与综合利用标准制修订计划项目工作的通知》（海标委发〔2009〕12 号），以进一步落实和指导标准任务的完成。

在推动海水循环冷却领域国家标准编制的同时，国家海洋局也积极推动该领域海洋行业标准的制定，相继下达了《2006 年度海洋行业标准制修订计划》《2007 年度海洋行业标准制修订计划》《2007 年度第三批海洋行业标准制订计划》《2014 年度海洋行业标准制修订计划》。2018 年，自然资源部也下达了《2018 年自然资源（海洋领域）标准制修订工作计划》。上述标准制修订计划共提出 19 项海水循环冷却领域海洋行业标准的制修订计划。

（2）法律法规研究

我国在立法层面上尚未出台有关海水循环冷却或海水冷却领域的单项法律法规文件，仅是在一些通用性的环境管理政策文件的某些条款中有所涉及。这些条款大多具有通用性，适用于各类建设项目，其中包括海水综合利用工程，具体如表 8.7 所示。

表 8.7　与海水循环冷却领域相关的法律法规和政策文件

序号	法律法规名称	发布部门	发布时间	实施时间
1	《中华人民共和国海洋环境保护法》	全国人民代表大会	2017 年（第三次修订）	2017 年
2	《中华人民共和国水污染防治法》	全国人民代表大会	2017 年（第二次修订）	2018 年
3	《中华人民共和国环境影响评价法》	全国人民代表大会	2018 年（第二次修订）	2018 年
4	《中华人民共和国海域使用管理法》	全国人民代表大会	2001 年	2002 年
5	《中华人民共和国防治海岸工程建设项目污染损害海洋环境管理条例》	国务院	2017 年（第二次修订）	2017 年
6	《中华人民共和国防治陆源污染物污染损害海洋环境管理条例》	国务院	1990 年	1990 年
7	《财政部、国家海洋局关于加强海域使用金征收管理的通知（财综〔2007〕10 号）》	财政部、国家海洋局	2007 年	2007 年
8	《全国海洋功能区划（2011—2020 年）》	国家海洋局	2012 年	2012 年
9	《海域使用权管理规定》	国家海洋局	2006 年	2007 年
10	《国家计委、财政部关于征收污水排污费的通知》计物价〔1993〕1366 号	国家计划委员会、财政部	1993 年	1993 年
12	《排污费征收使用管理条例》	国务院	2003 年	2003 年
13	《排污费征收标准管理办法》	国家发展计划委员会、财政部、国家环境保护总局、国家经济贸易委员会	2003 年	2003 年

在法律法规层面上，对海水循环冷却或海水冷却进行规范性或标准化管理多着眼于环境管理，且考虑的优先点多集中在技术的前序和末端，即多针对海水循环冷却技术的取水和排水工序。仔细分析各法律法规中涉及海水循环冷却或海水冷却环境管理的条款内容，可以看出，我国在海水冷却环境管理程序上，采取的是环境影响预测和评价、海域使用论证、征收海域使用金和生态补偿金、环境影响跟踪监测和后评估等过程；在管理内容上，主要涉及冷却水性质定性、受纳水域温升的规定、其他水质指标的规定、排污口设置、取水口用海范围、温排水用海范围、海洋环境影响监测与评价的规定、征收超标排污费的规定、征收海域使用金的规定、审批、监管规定和提倡海水利用新技术的规定 11 个方面的内容，基本与国外的海水利用环境管理政策的关注点一致。

（3）相关领域技术组织的标准化机构

我国通过设立专门的全国标准化管理机构——中华人民共和国国家标准化管理委员会，对标准实施统一管理，同时，通过设立各行业标准化技术委员会及其下属的各分技术委员会，对标准进行逐层分工管理。在我国，海水循环冷却领域技术组织的标准化机构主要有中华人民共和国国家标准化管理委员会、全国海洋标准化技术委员会和海水淡化及综合利用分技术委员会。此外，由于海水循环冷却技术在电力、石化等行业都得到了一定的应用，因此，这些行业的标准化技术委员会也根据自身需要和我国海水循环冷却领域现行标准状况，制修订了一部分相关技术标准。如全国防腐蚀标准化技术委员会、全国海洋船标准化技术委员会船用材料应用工艺分技术委员会、全国核能标准化技术委员会和交通运输环境保护标准化技术委员会等。

中华人民共和国国家标准化管理委员会成立于2001年，是中华人民共和国国务院授权履行行政管理职能、统一管理全国标准化工作的主管机构，海水循环冷却领域国家标准由国家标准化管理委员会负责发布。

全国海洋标准化技术委员会成立于2005年，全面负责海洋及海岸带等方面的标准化工作，负责海洋领域基础标准、方法标准、管理标准和产品标准的制修订工作。统筹规划和管理海水及苦咸水淡化和膜法水处理设备、工艺、性能、质量及安全环保技术要求，以及海水综合利用等海洋技术领域国家和海洋行业标准的制修订工作。海水循环冷却领域的海洋行业标准由全国海洋标准化技术委员会归口。部分海水循环冷却领域其他相关行业标准，如防腐蚀技术等，则由相关行业的标准化技术委员会归口。

全国海洋标准化技术委员会海水淡化及综合利用分技术委员会成立于2017年，负责制修订海水淡化及综合利用（不包括化学、分离膜、制盐领域）领域国家及海洋行业标准。

（4）该领域的标准化研究

①标准管理体系

我国现有海水循环冷却领域标准管理体系分为4层次，第1个层次国家标准，主要涉及基础和应用方面，由国家标准化管理委员会主管；第2个层次是行业标准，涉及海水循环冷却领域的各技术分支，由各行业主管部门主管；第3个层次是地方标准，主要涉及海水冷却环境管理，由各地方政府主管；第4个层次是企业标准，目前主要针对的是水处理剂技术要求方面，由国家标准化管理委员会实行网上备案管理。除地方标准外，标准性质均属于推荐性，包括国家推荐性标准和行业推荐性标准。标准类别主要包括基础标准、方法标准、产品标准、环境保护标准、系统设计和工艺管理等。

②标准体系研究

从技术层面分析，海水循环冷却领域的核心技术体系是以海水缓蚀剂、海水阻垢分散剂、海水菌藻抑制剂和海水冷却塔为核心的“三剂一塔”技术体系，因此，海水循环冷却领域的标准体系也主要围绕“三剂一塔”核心技术体系提出。

通过对“三剂一塔”中重要的基础概念进行标准化定义，形成了海水循环冷却领域标准体系的基础通用标准；围绕“三剂一塔”关键技术，结合技术应用的总体需求和环境管理要求，提出了标准体系的第二层次；最后再根据第二层次中各项内容的具体要求，丰富第三层次。整个标准体系在以核心技术标准为主干的基础上，以关键技术进行分支，在分支上进行二次分支，逐渐呈现出树状体系结构。技术进步在支/干标准间形成良性互动，标准体系呈现可持续科学发展。

建立海水循环冷却领域标准体系，需要充分认识现有技术和产业，着眼于技术和产业的长远发展，综合考虑产业相关的各个方面执行标准的需求。初步提出的海水循环冷却领域标准体系结构框架（图 8.2）。

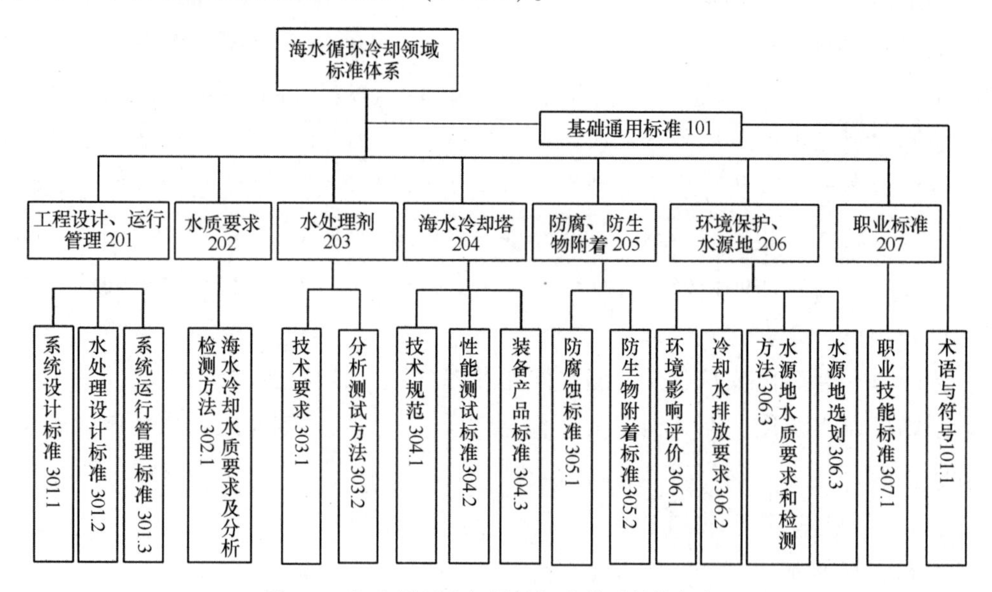

图 8.2　海水循环冷却领域标准体系结构框架

③技术标准研究

根据 2006 年提出的海水利用标准体系，海水循环冷却领域根据自身技术特点，提出如图 8.2 所示的专业性标准体系框架，并在此基础上开展标准化工作，申请标准制修订任务，并发布实施一系列适用于海水循环冷却技术应用和工程设计管理的标准，以充实标准体系。目前，在我国已发布实施或正在编制的标准如表 8.8 所示。

表 8.8　我国海水循环冷却领域标准清单

序号	标准体系表编号	标准名称	标准号	标准类型
1	101. 1-01	海水利用术语　第 1 部分：海水冷却技术	HY/T 203. 1—2016	海洋行业标准
2	301. 1-01	海水循环冷却系统设计规范　第 1 部分：取水技术要求	HY/T 187. 1—2015	海洋行业标准
3	301. 1-02	海水循环冷却系统设计规范　第 2 部分：排水技术要求	HY/T 187. 2—2015	海洋行业标准
4	301. 1-03	海水循环冷却系统设计规范　第 3 部分：海水预处理	HY/T 240. 3—2018	海洋行业标准
5	301. 1-01	海水循环冷却系统设计规范　第 4 部分：材料选用及防腐设计导则	在研	海洋行业标准
6	301. 1-04	海水循环冷却系统设计规范　第 5 部分：循环水场	在研	海洋行业标准
7	301. 2-01	海水循环冷却水处理设计规范	GB/T 23248—2009	国家标准
8	302. 1-01	海水冷却水质要求及分析检测方法　第 1 部分：钙、镁离子的测定	GB/T 33584. 1—2017	国家标准
9	302. 1-02	海水冷却水质要求及分析检测方法　第 2 部分：锌的测定	GB/T 33584. 2—2017	国家标准
10	302. 1-03	海水冷却水质要求及分析检测方法　第 3 部分：氯化物的测定	GB/T 33584. 3—2017	国家标准
11	302. 1-04	海水冷却水质要求及分析检测方法　第 4 部分：硫酸盐的测定	GB/T 33584. 4—2017	国家标准
12	302. 1-05	海水冷却水质要求及分析检测方法　第 5 部分：溶解固形物的测定	GB/T 33584. 5—2017	国家标准
13	302. 1-06	海水冷却水质要求及分析检测方法　第 6 部分：异养菌的测定	GB/T 33584. 6—2017	国家标准
14	302. 1-07	海水中铁细菌的测定 MPN 法	HY/T 176—2014	海洋行业标准
15	302. 1-08	海水中硫酸盐还原菌的测定 MPN 法	HY/T 177—2014	海洋行业标准
16	302. 1-09	海水碱度的测定 pH 电位滴定法	HY/T 178—2014	海洋行业标准
17	302. 1-10	海水冷却水中铁的测定	HY/T 191—2015	海洋行业标准
18	303. 1-01	海水冷却水处理碳钢缓蚀阻垢剂技术要求	HY/T 189—2015	海洋行业标准
19	303. 1-02	铜及铜合金海水缓蚀剂技术要求	HY/T 190—2015	海洋行业标准
20	303. 1-03	海水杀生剂技术要求 杂环类菌藻抑制剂	在研	海洋行业标准
21	303. 1-04	SW203 海水阻垢分散剂	Q/12TG4286—2015	企业标准
22	303. 1-05	SW303 海水菌藻抑制剂	Q/12TG4287—2015	企业标准
23	303. 1-06	SC308 海水阻垢分散剂	Q/TJZH0001—2017	企业标准
24	303. 1-07	SW401 海水杀贝剂	Q/TJZH0002—2017	企业标准
25	303. 1-08	SW206 海水阻垢缓蚀剂	Q/TJZH0004—2017	企业标准
26	303. 1-09	SW311 海水菌藻抑制剂	Q/TJZH0009—2018	企业标准

续表

序号	标准体系表编号	标准名称	标准号	标准类型
27	303. 2-01	海水冷却水处理药剂性能评价方法　第 1 部分：缓蚀性能的测定	GB/T 34550. 1—2017	国家标准
28	303. 2-02	海水冷却水处理药剂性能评价方法　第 2 部分：阻垢性能的测定	GB/T 34550. 2—2017	国家标准
29	303. 2-03	海水冷却水处理药剂性能评价方法　第 3 部分：菌藻抑制性能的测定	GB/T 34550. 3—2017	国家标准
30	303. 2-04	海水冷却水处理药剂性能评价方法　第 4 部分：动态模拟试验	GB/T 34550. 4—2017	国家标准
31	303. 2-05	海水水处理剂分散性能的测定　分散氧化铁法	HY/T 163—2013	海洋行业标准
32	304. 2-01	海水冷却塔测试规程	HY/T 232—2018	海洋行业标准
33	304. 2-02	海水冷却塔飘水率测试方法　等速取样法	HY/T 241—2018	海洋行业标准
34	304. 2-03	海水冷却塔飘滴盐沉积监测方法	征求意见	海洋行业标准
35	305. 1-01	滨海电厂海水冷却水系统牺牲阳极阴极保护	GB/T 16166—2013	国家标准
36	305. 1-02	滨海设施外加电流阴极保护系统	GB/T 17005—1997	国家标准
37	305. 1-03	核电站海水循环系统防腐蚀作业技术规范	GB/T 31404—2015	国家标准
38	305. 1-04	核电厂海水冷却系统腐蚀控制与电解海水防污	NB/T 25008—2011	能源行业标准
39	305. 1-05	铝-锌-铟系合金牺牲阳极	GB/T 4948—2002	国家标准
40	305. 1-06	锌-铝-镉合金牺牲阳极	GB/T 4950—2002	国家标准
41	305. 1-07	海水环境中金属材料动电位极化电阻测试方法	HY/T 192—2015	海洋行业标准
42	305. 2-01	船舶冷却水系统电解海水防污装置技术条件	JT/T 147—1994	交通行业标准
43	306. 1-01	海洋工程环境影响评价技术导则	GB/T 19485—2014	国家标准
44	306. 1-02	海水综合利用工程环境影响评价技术导则	GB/T 22413—2008	国家标准
45	306. 1-03	海水综合利用工程废水排放海域水质影响评价方法	HY/T 129—2010	海洋行业标准
46	306. 1-04	建设项目海洋环境影响跟踪监测技术规程		技术文件
47	306. 2-01	海水冷却水排放要求	在研	国家标准
48	306. 2-02	污水综合排放标准	DB12/ 356—2018	地方标准
49	306. 2-03	流域水污染物综合排放标准　第 4 部分：海河流域	DB37/ 3416. 4—2018	地方标准
50	306. 2-04	流域水污染物综合排放标准　第 5 部分：半岛流域	DB37/ 3416. 5—2018	地方标准
51	306. 2-05	海水水质标准	GB 3097—1997	国家标准

续表

序号	标准体系表编号	标准名称	标准号	标准类型
52	306.4-01	海域使用面积测量规范	HY 070—2003	海洋行业标准
53	306.4-02	海籍调查规范	HY/T 124—2009	海洋行业标准
54	307.1-01	海水冷却系统操作人员职业技能标准	预研	海洋行业标准

已发布实施和正在编制的海水循环冷却领域标准共有53项，另有1份技术文件（表8.8）。53项标准共有52项技术标准，另有1项职业技能标准。52项技术标准中，有国家标准20项，海洋行业标准21项，其他行业标准2项，企业标准6项，地方标准3项。标准类别包括基础标准、方法标准、产品标准和环境保护标准，标准性质多为推荐性。标准化对象包括水处理系统、水质指标、水处理剂和海水冷却塔4个方面，涉及的技术分支包括工程设计和海水缓蚀剂、海水阻垢分散剂、海水菌藻抑制剂、海水冷却塔，即“三剂一塔”。

图8.3显示，52项技术标准中40%是海洋行业标准，38%是国家标准，近12%是企业标准；相关标准的最早发布时间在1994年，发布高峰期在2015年、2017年和2018年，这3个年度发布的标准数占总标准数的58%（图8.4），并且发布的多为国家标准。52项标准中方法类标准占71%；其次是产品类标准，占26%；只有1项基础类标准（图8.5）。方法标准中又以水质检测类标准占比较多，其次是系统设计和水处理药剂性能测试方法标准，海水冷却塔测试方法标准略少，另外还有2项防腐蚀作业和1项金属腐蚀测试方法标准（图8.6）。10项产品标准分布于3大关键技术，即防腐、防垢和防生物附着（图8.7），主要涉及水处理药剂产品质量要求，有关海水冷却塔方面的产品标准目前尚处于空白状态。产品标准以企业标准居多，占60%，并且涉及的都是具体的水处理剂产品。

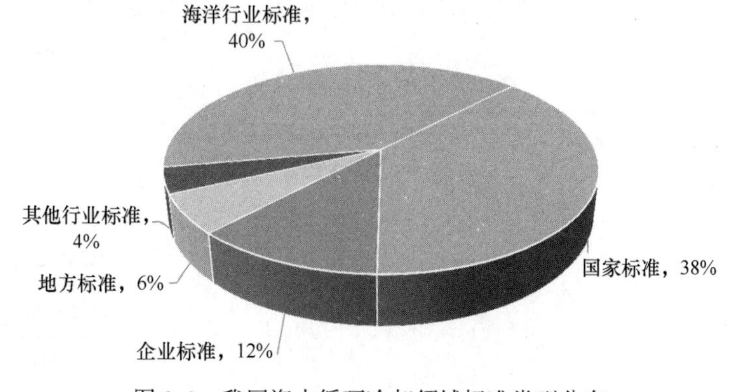

图8.3　我国海水循环冷却领域标准类型分布

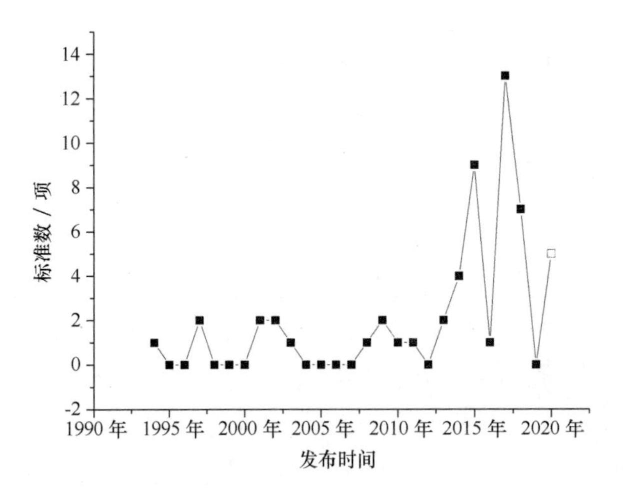

图 8.4　我国海水循环冷却领域标准发布时间

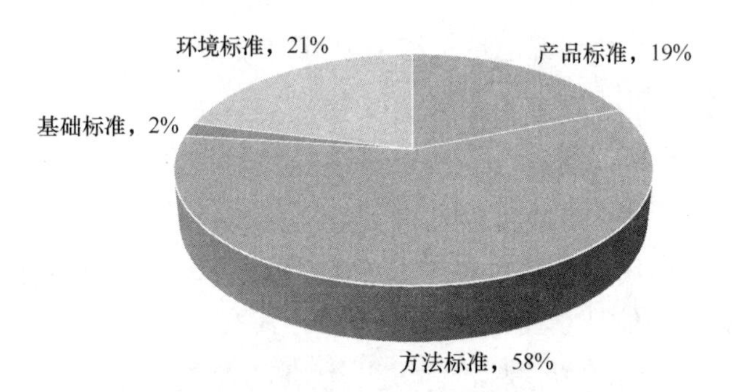

图 8.5　我国海水循环冷却领域标准类别分布

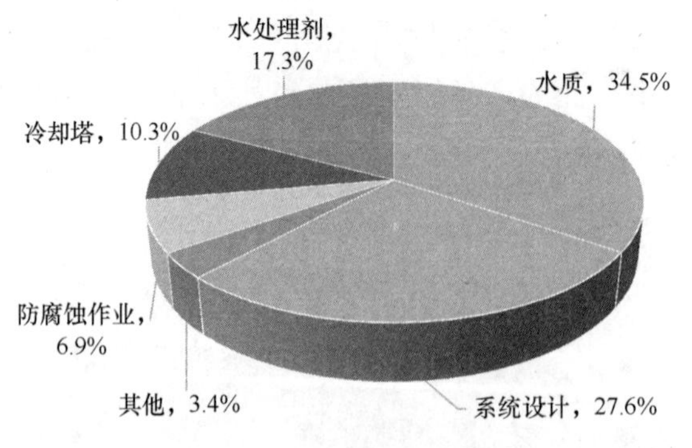

图 8.6　我国海水循环冷却领域方法标准的技术分布

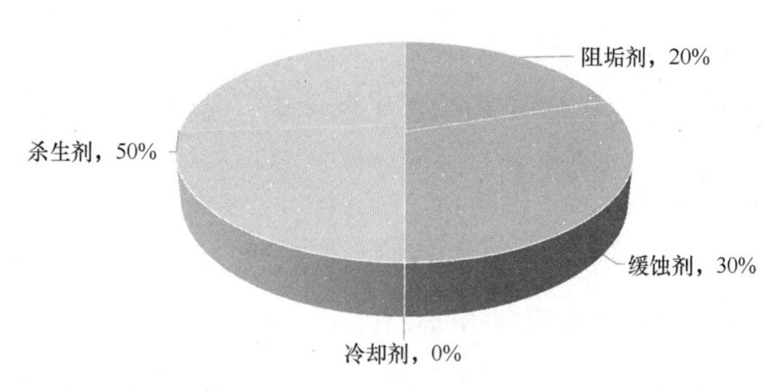

图 8.7 我国海水循环冷却领域产品标准的技术分布

2. 美国

（1）战略研究

美国环境保护署（EPA）在 2004 年发布实施《净水法》在法律层面上，从生态保护角度出发，要求使用能降低水生生物死亡率的其他冷却技术来替代直流冷却，并认为“循环冷却”技术是其中最为简便易行的替代方式之一。该技术由于在冷却系统中循环使用海水，与同等规模的海水直流冷却相比，在取水量和排污量上均要减少 95%以上，因此可大幅度节约海水资源、减少海域使用面积，具有节约用海、利于环保的优势。一般认为，海水循环冷却对环境影响极为轻微或近于无，海洋环境保护优势明显。

（2）法律法规研究

1）主要联邦法律

目前，美国有关海水冷却工程的法律法规多着眼于环境管理，相关用海管理方面的联邦法律文件主要有《美国环境政策法案》《海岸带管理法案》和《净水法》。除《净水法》对海水冷却工程取水造成的影响进行了特别规定外，其余管理要求均属于通用管理规定，适用于包括涉海工程在内的各类建设项目。

①《美国环境政策法》

美国是非常注重环境保护的国家，从 20 世纪 60 年代末开始就大力推进环境保护管理机制的建立和完善。1969 年，《美国环境政策法案》（National Environmental Policy Act of United States，NEPA）提出建立美国环境保护署、环境质量委员会（CEQ）、国家海洋与大气管理局等国家机构，并由美国环境保护署和环境质量委员会等制定、发布了数个相互关联的环境影响评估程序、指导方针及建议。

NEPA 第 102 款要求对工程必须进行强制环境影响评估，提出：“在每一份涉及对环境质量有重大影响的联邦行为的建议和报告中，联邦所属机构责任官员都应在以下几个方面做出详细陈述：一是环境影响；二是不可避免的不利环境影响；三是该事件可替代的措施”。并特别指出：“电厂工程、海岸带管理程序等必须接受环境影响评估”。

②《海岸带管理法案》

《海岸带管理法案》（Coastal Zone Management Act，CZMA）旨在全美国范围内为有效管理、保护、发展和优质利用海岸带制定规划。它要求沿海岸的所有州都应制定管理规划，来指导沿海岸的用水项目。管理规划在获得商务部长的批准后生效，州政府以此为依据来确定拟建的项目是否与他们的规划相一致，不符合管理规划的工厂不得兴建。《加利福尼亚海岸法》是典型的州一级海岸带管理法案，也是加利福尼亚对海水利用工程进行审批、监督管理的重要依据。

③《净水法》和相关联邦法规

《联邦水污染控制法》，又称《净水法》（Clean Water Act，CWA），是美联邦水质保护基本法，它是美国规范向水体排放污染物和地表水水质标准的基本法律文件。基于CWA，美国环境保护署实施污染控制制度，如形成工业废水排放标准、开展污染物排放许可管理等。

a. 排放水管理

CWA规定点源污染物向水体排放必须取得国家污染排放削减制度（NPDES）许可。NPDES许可在一定程序下由国家环境保护署或州环境保护机构发放。

在美联邦范围内，流出物的排放按照CWA进行管理，“NPDES许可”是CWA的重要管理程序之一。NPDES许可制度在涉及管理污染物排放的许可中，采用2步处理法建立排放限制，即技术限制法和水质限制法。技术限制基于CWA第301和306章的规定提出，水质限制则基于水质标准提出。它遵循的是总量控制原则，即一个污染点源在一定时间内排放至地表水体的各种污染物的总量必须获得许可。具体到海水冷却，则可理解为在海域进行冷却废水排放必须获得NPDES许可。

CWA由美国环境保护署负责实施。但如果州的相关管理规定能够满足CWA的要求，则可应用州的管理程序来进行管理。运营者可以通过优化工艺、末端治理等各种措施，使排放水满足控制指标的要求。适用的水质标准可视排放海域的水体情况而定。由于是点源排放，NPDES允许排放区域超过水质标准。

根据CWA和各州相关管理规定，冷却排放水的控制指标有pH、偏磷酸盐、氯化物、溶解氧、电导率、铜、铁、镭、总溶固、总氮、硫化物、氨、浊度、放射性核、硒及其他元素等。美国环境保护署和各州还特别规定了监测要求、检测频率及检测报告。检测品种可根据区域不同而不同。一些州要求对排放水进行全项检测，并对化学物质的种类数量进行了要求。整个排放水的毒性测试包括针对幼鱼的96

小时急性毒性测试，以及针对成鱼的7天慢性毒性测试。

b. 取水管理

CWA第316（b）款授权美国环境保护署对冷却水取水装置进行管理，以确保其使用了“最佳可用技术（BTA）”，减少取水装置对海洋环境的不利影响。

美国环境保护署估算，冷却水取水量占电厂用水的一半，对水生环境具有较大的影响。这些影响包括降低浮游植物、浮游动物、鱼类、贝类的数量，威胁濒危物种，损害水生生物，对食物链造成破坏。这些影响主要来自“冲击”和“夹带”。冲击是指将鱼和较大的有机生物体冲击到取水口的筛网上，对生物体造成严重的伤害或致死。夹带是指水流会将小型水生有机体如浮游生物、鱼卵等夹带至取水管道中，然后夹带到装置里。装置里的高温、化学品或管道里的高压会导致小型水生有机体的死亡。

根据CWA，美国环境保护署规定，冷却水取水装置的选址、设计、建造及取水能力必须反映最优技术，以减少不利环境影响。为减少对现有电厂技术改造的影响，美国环境保护署根据电厂建设期和取水量，对冷却取水装置实施分阶段管理。

第一阶段规定，适用于取水量大于2MGD（百万加仑每天）且25%以上的取水用于冷却的新建电厂和其他企业，取水量低于此要求的冷却取水口仍采用一事一议的方法。在第一阶段的规定中，美国环境保护署确认能使新建电厂冷却取水装置的不利环境影响最小化的最佳可用技术（BAT）是循环冷却（闭式湿冷）技术。在第一阶段的规定中还提出采用双轨方法管理取水设施，即Track Ⅰ和Track Ⅱ。Track Ⅰ是基于循环冷却技术，形成国家级取水量和取水流速要求，也就是通过对取水口选址和取水量的要求来减少取水流速。它还要求排放者选择和使用合适的设计和建造技术以使冲击致死和夹带影响最小化。Track Ⅱ规定，只要工厂能以可信的研究结果证明，所选替代技术对鱼类和贝类的冲击致死和夹带效应的减轻程度与Track Ⅰ的水平相当，即可使用该技术。该规定于2001年实施。

第二阶段规定，适用于设计取水量大于50百万加仑每天且25%以上的取水用于冷却的已建电厂。对于已建电厂，美国环境保护署并没有选择闭式冷却方式作为减少不利环境影响的最佳可用技术，但确认有许多技术可以作为BTA，并针对这些技术制定减少冲击致死和夹带效应的性能标准。这些技术包括细孔和粗孔过滤网、水中过滤栅栏系统、围网、鱼类洄游系统和其他技术。对这些技术的性能要求标准是减少80%~95%的冲击效应和60%~90%夹带效应。该规定允许工厂通过设计、建造技术、运行措施或修复方法，或这些措施的任意组合来达到上述标准要求。该规定于2004年实施。

第三阶段规定，适用于新建离岸油气开采装置。该规定于2006年实施。

2）州法律法规

①加利福尼亚州海水冷却工程管理政策

a.《波特—科隆水质控制法》

《波特—科隆水质控制法》于 1969 年颁布，是美国加利福尼亚州（简称“加州”）基本水质法。作为一种区域性水质法，《波特—科隆水质控制法》具有两个基本功能：一是制定水质控制计划；二是开展废物排放管理。与 CWA 第 316（b）款相似，《波特—科隆水质控制法》的第 13142. 5 条要求使用海水进行冷却的所有新建或扩建的海岸电厂，均需采用最可行的选址、设计、技术和灵活的减缓措施来减少取水、降低各种海洋生物的死亡率。但《波特—科隆水质控制法》第 13142. 5 条与 CWA 第 316（b）款又有所区别，如在覆盖面方面，《波特—科隆水质控制法》仅对新建和扩建工程加以管理，而在另一些方面《波特—科隆水质控制法》更为严厉，如 CWA 第 316（b）款仅对取水装置的不利影响有限制，但《波特—科隆水质控制法》则不区分取水装置的影响是否为不利影响，而对这些影响一律加以限制。

b.《海水淡化与加利福尼亚海岸法》

《海水淡化与加利福尼亚海岸法》提出，对于可能对海洋环境造成不可避免的不利影响的建设项目，必须对项目进行严格评估及详细地逐步审查，评估内容包括排放水的温度盐度影响、取水/排放的冲击夹带影响、装置景观影响、能源消耗及二氧化碳排放影响，等等。加利福尼亚海岸委员会（California Coastal Commission）是负责滨海电厂审批的地方权力机构，要求在每一份申请报告中都要写明减缓措施。海岸委员会将对冷却工程开展逐项审查，并考察这些工程的环境利益及对海岸的环境影响。

在海水利用工程取水方面，《海水淡化与加利福尼亚海岸法》指出，海水利用工程取水可能存在的直接环境影响主要是冲击和夹带。当地下取水不可行时，采取开放式取水就需要对其进行评估，选择可以减少不利影响的方法。三种方法可以用于减少冲击：降低取水流速、优化取水装置速度封闭盖，过滤筛、移动筛，以及鱼类返回系统。但鉴于减少取水时的夹带作用一般比较困难，因此，减少夹带影响的主要方法是首先选择环境损害最小的取水位置，然后对损失的海洋生物进行补偿。

在废水排放方面，《海水淡化与加利福尼亚海岸法》规定，为减少排放水环境影响，应在排放口安装缓冲器或采取多端口排放，这种方式可以将排放物分流排放或排入更大区域，使其在受纳水体中更快稀释。对于工程可能产生的不适宜排放入海的含有有害废物的排放水，则需要设计排放水处理系统，或者采取化学物质提取的方法。在一些情况下，工程排放物可以与现有的排放口联合排放，以使影响最小化。例如，通过混合排放，可以使工程排放物与海水更好地混合。

c.《关于直流冷却技术在沿海水域的使用》（“2006年决议”）

2006年加利福尼亚海洋保护委员会（Ocean Protection Council，OPC）及加州土地委员会分别颁布的关于直流冷却的决议，为加利福尼亚州水资源管理局（State Water Resources Control Board，SWRCB）实施联邦《净水法》及州的有关规定提供了重要的指导与支持。

加利福尼亚海洋保护委员会联合加州能源委员会、加州公共事业委员会、加州海岸委员会、加州土地委员会、加州空气资源委员会及加州独立系统运营商等代表，共同制订了《关于直流冷却技术在沿海水域的使用》（“2006年决议”），该决议指出：加州有21家电厂采用直流冷却，这些电厂大多位于海湾与河口处，都是敏感的鱼类栖息地，生存着许多重要种群，直接关系到渔业和休闲业。21家电厂每天抽取和排放的海水量近6 435×10^4 m^3，冷却系统的隔栅和其他部件又吸入了大量幼虫及卵，严重破坏了当地海湾和河口地区的生态环境，导致大量鱼类与其他野生动植物死亡或者被迫迁移。

联邦《净水法》第316款承认了直流冷却对环境造成了不利影响，并规定严格禁止新建电厂采用直流冷却技术，要求现有设备降低90%~95%的不利影响。政府海洋行动计划要求在提高加利福尼亚海域、海湾和沿岸湿地水生生物数量的同时，丰富生物品种，为了实现此目标，禁用和淘汰直流冷却，减轻直流冷却造成的影响。加州能源委员会和加州水资源管理局对电厂的设计和运行拥有授权和管辖权，不仅如此，两个部门正在研究直流冷却的替代办法，如空气冷却、废水和循环水冷却、冷却塔等。

为此，加州土地委员会决议如下：一是敦促加州能源委员会和加州水资源管理局，迅速制定和执行缓解直流冷却（新建或现有设备）造成环境影响的政策。二是自本决议实施之日起，委员会不能再批准新电厂的直流冷却建设。委员会不得批准新建直流冷却，改建和扩建现有装置，修缮现有电厂直流冷却设备，除非电厂能够完全达到《净水法》第316（b）款和加利福尼亚水质控制法，以及其他联邦机构制定的相关规定的要求。

2009年，加利福尼亚计划淘汰17 000 MW燃气发电机组。这次淘汰和加州水资源管理局依据《净水法》第316（b）款废除直流冷却的努力是分不开的。目前，加利福尼亚有21 000 MW的发电机组应用直流冷却。这项新提出的政策建议将对加利福尼亚发电能力产生重要的影响。

②马里兰州海水冷却管理政策

《马里兰州管理法》第26.08.03款对冷却取水装置进行管理，要求BTA通过选址、设计、建造和冷却水取水量控制等使取水装置的不利环境影响最小化。对第二阶段的装置，马里兰州基于最专业判断（BPJ）将取水设施要求纳入国家污染排放削减制度 NPDES 许可中。

③纽约州冷却取水管理政策

纽约州将取水设施要求纳入纽约州污染排放削减制度许可中。纽约州在与点源热排放相关的取水设施管理中，允许 BTA 通过选址、设计、建造和冷却水取水量等使取水装置的不利环境影响最小化。

④威斯康星州冷却取水管理政策

《威斯康星州法令》第 283.31（6）条规定，允许 BTA 通过选址、设计、建造和冷却水取水量等使取水装置的不利环境影响最小化。威斯康星州也基于最专业判断（BPJ）将取水设施要求纳入 NPDES 许可中。

⑤密歇根州冷却取水管理政策

密歇根州进一步发展了 CWA 第 316（b）款的取水要求，并形成相应指南性文件，对 CWA 第 316（a）款热排放和 CWA 第 316（a）款取水和夹带效应均进行了验证。

⑥马萨诸塞州海水利用环境影响管理政策

2007 年 7 月，马萨诸塞州能源及环境事务执行办公室颁布了一项政策草案——《海水淡化厂选址及监测草案》，从而为制定有关标准及要求提供基础。根据该政策草案，海水淡化厂在获得所需许可之前，必须满足一系列环境保护，以及水资源、能源保护要求。

在环境保护方面，马萨诸塞州《海水淡化厂选址及监测草案》提出了几项重要原则，如通过恰当选址（如取水、排放远离生态敏感及重要区域），尽量减少环境影响，尽量减少对地表水及地下水的污染；最大化减少能源消耗；与电厂或废水处理厂共建，使浓海水排放得到优化（如混合排放后可降低排放水热量，并对排放水起到稀释作用）；遵循“可持续发展原则”。

具体来讲，《海水淡化厂选址及监测草案》要求海水淡化工程业主开展数据收集以确定本底情况，预测并记录影响，并采取有关措施避免、减少影响。为帮助申请人符合要求，草案为工程取/排水的选址、设计及运营制定了专门的技术指标，作为开展建设及长期运营的最低要求。例如，草案推荐采用海底取水的方式，以消除夹带和冲击；排放要满足接收水域的环境水质盐度要求；对鱼类、贝类、海底无脊椎动物、环境水质、水文、水深要开展本底监测和长期监测；在工程设计规划阶段，对水流、潮汐等建立模型。

（3）相关领域技术组织的标准化机构

在美国，涉及海水循环冷却领域技术组织的标准化机构主要有美国国家标准学会（American National Standards Institute，ANSI）、美国材料与试验协会（American Society of Testing Materials，ASTM）、美国水工协会（American Water Works Association，AWWA）、美国国防部统一设施标准（Unified Facilities Criteria，UFC）、美国陆军中心公共工程技术公报（Public Works Technical Bulletin，PWT）、美国冷却塔协会（Cooling Technology Institute，CTI）和美国防腐工程师学会（National Association of Corrosion Engineers，NACE）。

（4）该领域的标准化研究

1）标准管理体系研究

美国政府不设置专门的全国性标准化管理机构，仅委托美国国家标准学会（ANSI）发布和管理美国国家标准，代表美国参加国际标准化组织的活动。

美国在海水循环冷却领域及相关领域实行的标准管理体系，同样是由 ANSI 进行管理和协调。与海水循环冷却领域相关的标准化机构包括 ASTM、AWWA、CTI、UFC 和 NACE，其作为 ANSI 的团体会员，参与和接受 ANSI 的管理和协调。

2）标准体系研究

美国的标准体系一般由两部分组成：一是联邦政府标准体系或公共领域（public sector）标准体系。联邦政府负责制定一些强制性标准；二是非联邦政府标准体系或民间领域（private sector）标准体系，即各专业标准化团体的专业标准体系，一般为自愿性、推荐性标准。

海水循环冷却领域的标准化工作基本涵盖在工业冷却水处理领域，没有单独的海水循环冷却领域标准。工业冷却水处理领域在美国实行的标准体系同样由两部分组成，即公共领域的标准体系和民间领域的标准体系。公共领域的标准体系主要由 ANSI 主管，主要是国家标准；民间领域的标准体系则由各行业协会、学会、团体组织主管，包括行业标准和企业标准。民间领域的标准体系有 ASTM 标准体系、AWWA 标准、CTI 标准体系和 NACE 标准体系，另外还有部分标准和技术文件由 UFC 和 PWTB 管理。其中，ASTM 标准体系涉及工业冷却水领域诸多技术分支，包括水质检测、化学品性能测试、材料腐蚀试验方法等；CTI 标准体系涉及的主要是工业冷却水领域中冷却塔的测试技术分支等方面；NACE 标准体系涉及的主要是工业冷却水领域中材料、装备防腐蚀技术分支；UFC 标准涉及的是工业冷却水领域中水处理系统的运行管理；PWTB 技术文件涉及的是冷却水领域通用技术。

3）技术标准研究

与海水循环冷却领域相关的美国标准有多项，其中相关性比较高的分别来自 ANSI、ASTM、AWWA、CTI、UFC、PWTB 和 NACE（表 8.9）。

表 8.9　海水循环冷却领域相关的美国标准

序号	文献编号	文献名	中文名称
1	AS NZS 3666.3-2011	Air-handling and water systems of buildings - Microbial control - Performance-based maintenance	《建筑物的空气处理和水系统——微生物控制——基于性能的维护》
2	AS 5059-2006（R2016）	Power station cooling tower water systems - Management of legionnaires disease health	《电站冷却塔水系统——军团病卫生管理办法》
3	ANSI ASME OM2-1982	Requirements for performance testing of nuclear power plant closed cooling water system	《核电站闭式冷却水系统性能试验要求》
4	A-A-9D DOT1	Scale removing compound（powder, sulfamic acid）	《除垢剂（粉末、氨基磺酸）》
5	ASTM D1253-14	Standard Test Method for Residual Chlorine in Water	《水中余氯标准测试方法》
6	ASTM D2688-15	Standard Test Method for Corrosivity of Water in the Absence of Heat Transfer（Weight Loss Method）	《无热传导时水的腐蚀性标准测试法（失重法）》
7	ASTM D4778-15	Standard Test Method Determination of Corrosion Fouling Tendency of Cooling Water Under Heat Transfer Conditions	《导热条件下测定冷却水的腐蚀结垢倾向的标准试验方法》
8	ASTM D5952-08（2015）	Standard Guide for the Inspection of Water Systems for Legionella and the Investigation of Possible Outbreaks of Legionellosis	《水系统中军团菌检验和可能爆发的军团菌病调查标准指南》
9	ASTM D6530-00（2013）	Standard Test Method for Total Active Biomass in Cooling Tower Waters	《冷却塔水体中总活性生物量的标准测试方法》
10	ASTM E645-18	Standard Practice Evaluation of Microbicides Used Cooling Water Systems	《冷却水系统使用杀微生物剂的标准方法评价》
11	ASTM MNL：28	Manual on Coating and lining methods for cooling water system in power plants	《电厂冷却水系统涂层和标线方法手册》
12	AWWA MTC53677	Reclamation of Cooling Tower Blowdown Water	《冷却塔排放水的回收》
13	CTI TP07-20	Sea Water Cooling Tower Design	《海水冷却塔设计规范》
14	CTI TP08-02	Evaluating Your Cooling Tower	《冷却塔评价规范》
15	CTI TP70-07	Proper and Efficient Operation of a Cooling Tower Water System（TP-79A）	《冷却塔系统实用操作指南》

续表

序号	文献编号	文献名	中文名称
16	CTI TP95-01	Cooling Tower Noise	《冷却塔噪声》
17	CTI BUL 109：1997	Nomenclature For Industrial Water -cooling Towers	《工业水冷塔术语》
18	CTI Guideline WTB 148（08）	Best Practices for control of legionella	《军团杆菌控制最佳实践》
19	CTI ATC-128（14）	Test Code for Measurement of Sound From Water-Cooling Towers	《冷却塔噪声测量规程》
20	CTI STD-203（05）	Industrial Cooling Tower Standard	《工业冷却塔标准》
21	CTI TP07-07	Zero Blowdown for Cooling Towers	《冷却塔零排放规范》
22	NACE RP0392	Recovery and Repassivation after Low pH Excursions in Open Recirculating Cooling Water Systems	《开放式循环冷却水系统中的低pH值漂移后的恢复和再钝化方法》
23	PWTB 420-49-22	Cooling water treatment：lessons learned	《冷却水处理注意事项》
24	UFC 3-240-13FN（2005）	Industrial water treatment operation and maintenance	《工业水处理操作和维护》

表8.9所示标准涉及的技术内容有7个方面，包括：

——术语；

——冷却水处理技术；

——水处理剂测试；

——腐蚀测试；

——细菌检测和控制；

——海水冷却塔设计；

——工业水处理系统的运行和维护。

从标准范围来看，这几项标准中除CTI TP07-20外，均未明确涉及海水，仅是针对工业冷却水提出的通用型技术要求。

（三）中国与美国海水循环冷却领域标准化对比研究

1. 该领域战略对比

自2006年以来，我国政府已在多项规划和计划中都明确纳入了海水循环冷却领域标准化建设目标，且支持具有连续性，在多项逐年连续实施的规划和计划中，都明确提出要发展海水循环冷却领域标准化。

美国并未在国家政策层面上开展海水循环冷却领域或相关领域的标准化规划和计划。

2. 相关法律法规对比

在法律法规层面上，美国和我国都着眼于从环境保护角度对海水循环冷却进行管理，亦即，该领域的相关法律法规主要是涉及环境法方面的。海水循环冷却领域的环境保护管理多集中在取水和排水，也就是对源头和末端进行管理。美国通过《净水法》，对海水循环冷却的取水设施和排放水水质进行管理；我国同样从取水和排水角度管理海水循环冷却，但在具体管理措施上又有所不同，例如，我国常采用海域使用金和生态补偿金来管理冷却取水和排水的环境危害，而美国则采用一刀切的方法，直接限制违反《净水法》的工程建设和运行。

3. 标准化管理体系对比

我国的标准化管理体系由 4 个层次组成，首先，由全国性标准化管理机构——中华人民共和国国家标准化管理委员会统一管理国家标准。其次，由全国海洋标准化技术委员会对该领域的行业标准化工作全面负责。再次，各地方政府主管地方标准化发展，制定该领域地方标准。最后，各企业可制定企业标准，实行网上备案和采用标准自我声明公开制度

美国没有全国性标准化管理机构，仅由 ANSI 对相关标准化机构 ASTM、CTI、UFC 和 NACE 进行协调和管理。

4. 该领域标准对比

（1）标准体系对比

我国海水循环冷却领域标准体系主要由国家标准、行业标准和企业标准共同构成，体系框架初步形成。该体系框架以“三剂一塔”为核心，详细分为工程设计、运行管理、水质要求、水处理剂、海水冷却塔、防腐、防生物附着、环境保护、水源地和职业标准等方面，涵盖了海水循环冷却领域的各方向，对海水循环冷却技术研究和工程应用具有一定的引领作用。

美国没有专门的海水循环冷却领域标准体系，仅在工业冷却水领域发布了相关标准，内容涉及多个技术分支，包括冷却水处理操作和维护、冷却塔测试、腐蚀和结垢测试、水质检测、生物检测和化学品测试等多个方面。而且，这些标准由于分属于不同的民间标准化机构，而各机构又因侧重的技术分支不同，发布的标准基本

处于相互补充的局面，因此，在美国，冷却水处理领域的标准体系是由各标准机构发布的标准简单组合而成，并未经统筹规划。目前，该标准体系涉及的标准多已发布。

与美国的标准体系相比，我国的海水循环冷却领域标准体系仅在体系框架上初步形成，在某些具体的技术分支上还需继续完善，具体的标准尚需规划和编制。同时，我国的海水循环冷却领域标准体系是在国家层面上提出并规划和计划的，多个相关部门和企业参与了体系构建，对体系结构和发展均有统筹部署，该体系是一个有机整体，具有全面布局、结构完整和层次清晰等特点。

（2）标准整体技术水平对比

在海水循环冷却水处理系统方面，美国的相关标准均是针对工业水处理的通用型标准，不涉及海水，尚没有适用于海水循环冷却领域的专业性标准。美国有关工业水处理方面的标准普遍具有指南性质，对具体的指标和操作均没有明确的量化说明。我国在该领域的标准均是针对海水，特别是浓缩海水水质编制的，具有较强的针对性和可操作性。就对海水适用性而言，我国海水循环冷却水处理系统方面的标准技术水平具有一定的先进性。

测试方法标准是海水循环冷却领域标准化的一个重要技术分支。海水循环冷却领域的测试方法包括水质检测、药剂检测、性能检测（包括冷却塔、水处理药剂等）、腐蚀测试和生物检测，其中水质检测包括多项水质参数。美国在工业水处理领域测试方法方面的标准比较全面，虽然有部分方法标准在海水适用性方面还需验证，但其涵盖的技术领域明显优于我国，相关技术水平也更强。

（四）重要标准的对比

1. GB/T 23248—2009《海水循环冷却水处理设计规范》

GB/T 23248—2009《海水循环冷却水处理设计规范》是一个有关海水循环冷却水处理的标准。而 UFC 3-240-12FN-2005 “Industrial water treatment operation and maintenance” 则是一项通用标准，内容涵盖了多项水处理技术，包括蒸汽锅炉系统、冷却水系统、密闭工业水系统在内的工业水处理相关操作与维护规程，其中，仅“冷却水系统”部分与 GB/T 23248—2009 内容相关，具体相关条款见表 8.10。因此，以下仅对 UFC 3-240-12FN-2005 中与 GB/T 23248—2009 的相关内容进行对比研究。

表 8.10 UFC 3-240-13FN-2005 中与冷却水相关的条款

标题	页码	内容
2-1.1 补充水来源	9	工业冷却水的补充水来源（通用）
2-1.2.2.1 冷却塔系统补充水	10	补充水处理标准
4 冷却水系统	90~140	工业冷却水系统水处理方法等
6-1 水样采集及检测	152~153	水样采集及检测程序及原则
6-2 冷却塔系统水样采集及检测	153~154	冷却水检测要求、采集及检测频率、水样采集方法
6-5、6-6、6-7	162~169	水样检测方法、检测结果的解释，以及厂内实验室水样检测要求
7 水处理化学品的添加及控制	170~179	化学品添加及控制系统、化学品添加方法、化学品控制验证及其他信息
10 水处理方案的制定	194~197	通过信息、水处理方案制定的选择、工作范围、报告和审计

（1）标准化目标对比研究

GB/T 23248—2009 的标准化目标是通过海水循环冷却水处理中一般要求、海水补充水处理、海水循环冷却水处理、检测监测与控制、排放水及水平衡等的设计要求与方法等方面的规定，来指导海水循环冷却水系统的设计和运行管理，降低企业技术风险，保障海水循环冷却技术标准化应用。

UFC 3-240-12FN-2005 相关部分的标准化目标与 GB/T 23248—2009 相似，也是通过对冷却水处理系统中的补充水处理、系统水样采集及检测、水处理化学品的添加及控制、无化学品/非常规水处理装置、水系统的化学清洗、水处理方案的制定等方面的相关知识的说明，达到标准化操作和维护工业冷却水系统的目的，但并未提出设计指导目标。

（2）标准化对象对比

GB/T 23248—2009 的标准化对象是海水循环冷却水处理系统（seawater treatment for recirculating cooling seawater system），即以海水为水源水的带冷却塔的二次循环冷却系统；UFC 3-240-12FN-2005 的标准化对象是冷却水系统（cooling water systems），包括冷却塔、蒸发冷却器、蒸发式冷凝器及直流冷却系统，带冷却塔的二次循环冷却水处理系统仅是 UFC 3-240-13FN-2005 标准对象中的一个，且从补充水来源来看，UFC 3-240-13FN-2005 中涉及的冷却塔并不以海水作为补充水，而是以地下水、地表水（河水或湖泊水）和再生水。从这一角度来看，这两个标准的标准化对象是不同的，这也导致其在后续技术要素上出现差异。

（3）标准适用范围对比

GB/T 23248—2009 在“1 范围”一章中明确“本标准规定了海水循环冷却水处理中设计一般要求、海水补充水处理、海水循环冷却水处理和检测监测与控制等的设计要求与方法”，“本标准适用于以海水作为补充水的新建、扩建、改建工程的海水循环冷却水处理设计。”

UFC 3-240-12FN-2005 在“1-1 目的和范围”一节中指出“本标准提供了工业水处理操作与维护的概述，此处‘工业水’一词是指用于军事发电、供暖、空调制冷、冷却、加工以及所有需要对水进行处理的设备及系统的水”，并列出本标准“4 冷却水系统”一章适用于“冷却塔、蒸发冷却器、蒸发式冷凝器以及直流冷却系统的冷却水。使用范围可从简单的制冷设备到核反应堆的温度调节”。

从两个标准的范围对比可见，在标准内容上，GB/T 23248—2009 是针对特定用水系统“海水循环冷却”水处理的相关设计要求及方法，侧重于系统的设计；UFC 3-240-12FN-2005 则是针对所有工业水的水处理操作与维护概述，侧重于实际操作和维护。在标准适用范围上，GB/T 23248—2009 强调了“以海水作为补充水”，且明确指出用水系统是“循环冷却”；UFC 3-240-12FN-2005 的冷却水系统部分适用范围要广的多，不仅冷却系统类型多，并且使用行业也很广泛，补充水的来源为地下水、地表水（河水和湖泊水）和再生水。

（4）标准技术要素对比

表 8.11 列出了 GB/T 23248—2009 和 UFC 3-240-12FN-2005 中与技术要素相关章节的对应关系。

表 8.11　GB/T 23248—2009 和 UFC 3-240-12FN-2005 技术要素相关章节的对应关系

GB/T 23248—2009	UFC 3-240-12FN-2005
4 海水循环冷却水处理中设计一般要求	—
5 海水补充水处理 5.1 水质调查 5.2 水质要求 5.3 水处理设计依据	2 补充水 2-1 工业水系统补充水 2-2 补充水处理
6 海水循环冷却水处理 6.1 一般规定 6.2 水平衡计算 6.3 设计基本要求 6.4 水处理设计 6.5 清洗预膜处理 6.6 排放水处理	4 冷却水系统 4-1 冷却水系统的类型 4-2 冷却塔水量平衡计算 4-3 冷却水处理目标 4-4 微生物沉积及控制 4-5 冷却系统的腐蚀 4-6 冷却水处理方案的制定 4-7 冷却水系统的启动及停止要求
	7 水处理化学品的添加及控制
	10 水处理方案的制定

续表

GB/T 23248—2009	UFC 3-240-12FN-2005
7 检测、监测与控制 7.1 检测 7.2 监测与控制	6 水系统中水样的采集和检测 6-1 水样采集及检测 6-2 冷却塔系统水样采集及检测 6-5 水质检测 6-6 水质检测结果说明 6-7 厂内实验室水质检测要求

GB/T 23248—2009 的主要技术要素包括海水循环冷却水处理中设计一般要求（第 4 章）、海水补充水处理（第 5 章）、海水循环冷却水处理（第 6 章）和检测、监测与控制（第 7 章）共 4 章。其中，第 4 章规定了海水循环冷却水处理设计的一般要求，该章的条款对水处理设计的内容及原则进行了总述，不涉及具体的参数及方法，第 5~第 7 章则针对第 4 章规定的水处理设计一般要求进行了更为详细的分述。第 5 章主要是针对海水补充水处理的水质调查方法及频率、水质要求、补充水处理方法及水处理设计依据进行了规定。第 6 章从海水循环冷却水处理一般规定、海水循环冷却水平衡计算、设计基本要求、水处理设计、系统清洗预膜处理及海水循环冷却排放水处理 6 个方面进行了规定。第 7 章规定了检测、监测与控制相关的原则、检测项目、检测方法和检测频率等。

GB/T 23248—2009 的第 6 章是海水循环冷却水处理设计的核心部分，由“6.1 一般规定”“6.2 海水循环冷却水平衡计算”“6.3 设计基本要求”“6.4 水处理设计”“6.5 海水循环冷却水系统清洗预膜处理”及“6.6 海水循环冷却水排放处理”6 部分组成。其中，6.1 规定了海水循环冷却水系统基本参数确定的依据、水处理控制各项指标值及循环水的水质指标及检测方法；6.2 介绍了海水循环冷却水平衡的计算公式，包括海水浓缩倍数、海水补充水量、海水蒸发水量及海水排放水量的计算方法；6.3 对海水循环冷却系统的设计基本要求进行了规定，包括热交换器的选材要求、海水冷却塔的设计要求、管道设计要求、海水循环泵的选材要求、旁流水系统设计要求及药剂储存与投配要求；6.4 从水处理方案设计角度对水处理药剂的选择依据、动态模拟试验应考虑的因素及药剂投加量的计算方法进行了规定；6.5 规定了海水循环冷却水系统开车前的清洗方法、预膜方案及相关程序；6.6 规定了海水循环冷却排放水处理要求。

UFC 3-240-12FN-2005 相关部分的主要技术要素包括补充水（第 2 章）、冷却水系统（第 4 章）、水系统中水样的采集和检测（第 6 章）、水处理化学品的添加及控制（第 7 章）和水处理方案的制定（第 10 章），其中第 2 章中仅 2-1.1 节“补充水来源”中的2-1.2.2.1“冷却塔系统补充水”与冷却水系统相关，第6章中6-1节“水样采集及检测”、6-2节“冷却塔系统水样采集及检测”、6-5节“水质检测”、6-6节“水质检测结果说明”和6-7节“厂内实验室水质检测要求”与冷却水系统相关。

UFC 3-240-12FN-2005第4章与GB/T 23248—2009的核心第6章密切相关，介绍了冷却水系统的相关内容，包括“4-1冷却水系统的类型”“4-2冷却塔水量平衡计算”“4-3冷却水处理目标”“4-4微生物沉积即控制”“4-5冷却系统的腐蚀”“4-6冷却水处理方案的制定”“4-7冷却水系统的启动及停止要求”7个方面。4-1不仅对冷却水系统的类型进行了介绍，还重点介绍了循环冷却水系统的冷却塔的类型、结构及相关部件，同时指出了冷却水系统存在的常见问题；4-2对冷却塔系统的操作原则、水量关系以及浓缩倍数的概念、计算方法、测定方法及控制方法等进行了介绍；4-3确定了冷却水处理的基本目标，并主要针对水垢及非生物污垢的形成及控制方法进行了介绍；4-4则主要阐述了冷却水系统的微生物种类、危害及控制方法，介绍了不同类型的杀生剂及使用原则；4-5介绍了冷却水系统的腐蚀类型、腐蚀控制方法及原理、缓蚀剂种类及适用原则；4-6为冷却水处理方案的制定提供了指导方法，包括设备材质选择、系统运行特征及参数、进水水质、系统浓缩倍数、冷却塔的运行准则等，根据系统水容积的大小将冷却系统分为大、中、小型系统，并对不同系统的水处理方案的制定原则进行规定；4-7是针对冷却水系统在不同状态时的维护要求，重点介绍了一套新的冷却塔系统开启及系统停止程序的相关操作规程，如清洗、钝化等。

综上所述，两个标准在技术内容设置上既有相似性，又有差异。相似性主要体现在GB/T 23248—2009和UFC 3-240-12FN-2005技术内容设置框架上都采取了先总体论述，后分述的方式，即首先对冷却水系统进行一般性规定或介绍，然后再按照冷却水处理流程分序介绍补充水处理和冷却水处理等工序的规定和常识，最后再对辅助技术要素——水质的检测、监测和控制进行单章论述；其次对冷却水处理关键技术要素的论述，均采用“三剂一塔”的顺序展开，即先对冷却塔部分进行介绍和规定，再阐述系统水的结垢、污损及腐蚀等问题的控制方法及相关水处理药剂的使用。

在差异性方面，首先，从整体技术要素上来看，GB/T 23248—2009是一项设计标准，因此其在内容设置上对设计要求多有体现，如海水循环冷却水处理中设计一般要求、补充水水处理设计依据、循环冷却水水处理设计等。UFC 3-240-12FN-2005是一项指导操作的标准，因此其内容并不涉及设计要求。

其次，从标准涉及的冷却水处理流程来看，GB/T 23248—2009涵盖了冷却水处理的全流程，即包括补充水处理、循环冷却水处理和排放水处理，另外还涉及了清洗和预膜，而 UFC 3-240-12FN-2005 仅涉及补充水处理和冷却水处理，不涉及排放水处理以及清洗和预膜。

再次，因补充水来源不同，GB/T 23248—2009 和 UFC 3-240-12FN-2005 在系统运行参数、水质指标限值和水平衡计算方法等方面均有所不同，如 GB/T 23248—2009 因为采用海水为补充水，规定的系统浓缩倍数在 1.5～2.5；UFC 3-240-12FN-2005 采用淡水为补充水，因此提出浓缩倍数要控制在 3～10，5～7 时效价比最高。

最后，由于两个标准的性质不同，在具体的内容及条款的设置方面也有所不同。

①关于术语和定义部分，GB/T 23248—2009 将其单独设置章节并逐条进行规定，且均是与本标准有密切相关性的术语，其他的通用性术语在此并未提及；UFC 3-240-12FN-2005 的术语部分则是单独列于正文后面，且主要是通用性术语，与特定工业水系统相关的术语并未在此列出，而是在相关章节中出现，未单独列出。因为 UFC 3-240-12FN-2005 作为通用性标准，独立于特定工业水系统章节之外的内容，除特殊说明外均为通用性条款，因此特定系统的术语在相关章节出现也是情理之中。

②在补充水水质和冷却水系统水处理的控制指标及水质指标方面，GB/T 23248—2009 在相关章节中均以表格或列条等方式进行集中规定，以便于使用者查阅，如在其表 3.1 中列出了补充水水质指标和限值，在 6.1.2 条下的 a）～g）条中列出了冷却水水处理控制指标，在其表 2 中列出了循环冷却水的水质指标和限值，在其表 3 中列出了海水水质常规检测项目，在其表 4 中列出了非常规检测项目，在表 A.1 中还给出了海水水质分析检测的记录表，以便于使用者使用。UFC 3-240-12FN-2005 则是在相关指标涉及的章节中分别进行规定，与水处理相关控制方法相结合出现，未集中体现，且未列出明确数值。这可能是因为 GB/T 23248-2009 是设计规范类的标准，需要阅读标准的人对相关控制指标一目了然并按照该指标执行即可；而 UFC 3-240-12FN-2005 作为指南性质标准，重点在于将相关的原理、方法进行介绍以指导相关操作人员，各项指标需结合具体的控制方法进行设置，便于使用标准的人知道为什么设置这样的指标。

③在水平衡计算方面 UFC 3-240-12FN-2005 较 GB/T 23248—2009，在水平衡计算方面给出了多种计算方法，便于使用者的选择和使用。例如，在浓缩倍数的计算上，GB/T 23248—2009 仅根据设计原理，给出了利用补充水量、排放水量和海水风吹损失及系统泄漏损失水量等水量参数进行计算的方法，该方法在实际应用中

因无法准确测算补充水量、排放水量和海水风吹损失及系统泄漏损失水量而多有不便，可操作性较差；UFC 3-240-12FN-2005 除按设计原理给出利用水量进行计算的方法外，还给出了按照水质检测结果计算浓缩倍数的方法，相关的水质参数包括电导率、氯离子浓度、二氧化硅浓度及硫酸根离子浓度等，以上参数均可反映出补充水与排污水的含盐量差异，以此计算系统浓缩倍数。UFC 3-240-12FN-2005 利用水量计算浓缩倍数的公式也与 GB/T 23248—2009 不同，UFC 3-240-12FN-2005 忽略风吹损失和系统泄漏损失水量对浓缩倍数的影响。

综上所述，这两个标准在技术要素的总体结构上具有相似性，但在具体的技术内容设置上则因标准类型及对象的差别而有所不同。

（5）对比结论

GB/T 23248—2009 和 UFC 3-240-12FN-2005 在标准化目标上有相似，但在标准化对象上则并不完全相同。

GB/T 23248—2009 的适用范围强调了“以海水作为补充水”，且明确指出用水系统是“循环冷却”；UFC 3-240-12FN-2005 的冷却水系统部分适用的冷却系统类型有多种，但补充水来源不包括海水，为淡水水质。

GB/T 23248—2009 和 UFC 3-240-12FN-2005 在技术内容框架设置和关键技术要素确定上具有相似性，在设计要素、设计冷却水处理流程完整性方面，以及具体的系统运行参数、水质指标限值和水平衡计算方法等方面又有所差异。此外，GB/T 23248—2009 对补充水水质和冷却水系统水处理的控制指标及水质指标均以表格或列条等方式规定，以便于使用者查阅；UFC 3-240-12FN-2005 则是在相关指标涉及的章节中分别进行规定，与水处理相关控制方法相结合出现，未集中体现，且未列出明确数值。

2. GB/T 14424—2008《工业循环冷却水中余氯的测定》

（1）标准化目标对比研究

GB/T 14424—2008《工业循环冷却水中余氯的测定》和 ASTM D1253-14 “Standard Test Method for Residual Chlorine in Water”的标准化目标基本一致，均是要对水中余氯的测定进行标准化管理。

（2）标准化对象对比

GB/T 14424—2008 的标准化对象包括余氯（总氯）、化合氯和游离氯。相关定义如下：

——余氯（总氯）（total residual chlorine）：以游离氯、化合氯或两者并存形式存在的氯；

——化合氯（combined chlorine）：余氯中以氯胺及有机氯胺形式存在的氯；

——游离氯（free chlorine）：以次氯酸、次氯酸根或溶解性单质氯形式存在的氯。

ASTM D1253-14 的标准化对象包括总余氯、化合性残余氯和游离有效余氯。相关定义如下：

——总余氯［total residual chlorine（chlorine residual）］：有效氯的量，氯加入后在任何特定时期水中诱导产生的氧化物；

——化合性残余氯（combined residual chlorine）：由氯和氨氮或含氮化合物组成的残余物；

——游离有效余氯（free-available-chlorine residual）：由次氯酸根离子、次氯酸或其组合物组成的残余物。

综上所述，GB/T 14424—2008 和 ASTM D1253-14 的标准化对象虽然在名称上略有不同，但都是包括余氯、游离性余氯和化合性余氯。这 3 个标准化对象的定义在这两个标准中表述虽然不同，但实际含义基本一致。

（3）标准适用范围对比

GB/T 14424—2008 适用于原水和工业循环冷却水中余氯、游离氯的分析。一般未特别指出的情况下，工业循环冷却水都是指以河水、水库、湖泊等淡水为补充水的循环水。可见，GB/T 14424—2008 主要适用于淡水和浓缩后的淡水水质，但是否适用于海水及浓缩海水则未明确说明。

ASTM D1253-14 明确说明其精密度数据是以河口、内陆主要干支河流、淡水湖、公海和淡水冷却塔排放水等为测试对象而获得，亦即标准的适用范围是河口、内陆主要干支河流、淡水湖、公海和淡水冷却塔排放水，值得注意的是，ASTM D1253-14 明确指出其适用于公海海水和淡水冷却塔排放水，但并未说明是否适用于海水冷却塔排放水。海水冷却塔排放水经循环使用后，在水质上被浓缩，因此，对该标准是否适用于海水循环冷却水尚需进一步验证。

（4）标准技术要素对比

在仪器方面，GB/T 14424—2008 使用的是分光光度计和微量滴定管，同时要求所用玻璃器皿需用活性氯浓度约为 0.1 g/L 的次氯酸钠溶液浸泡 1 h 后用大量自来水冲洗。ASTM D1253-14 要求使用数显或模拟的安培滴定仪，玻璃器皿需用活性氯浓度至少为 0.01 g/L 的次氯酸钠溶液浸泡 2 h 后彻底洗净。可见，因采用的分析方法不同，GB/T 14424—2008 和 ASTM D1253-14 使用的仪器也不同，同时为避免干扰，对玻璃器皿都提出了要用次氯酸钠溶液浸泡后冲洗干净的要求，虽然在采用的次氯酸钠溶液的浓度和浸泡时间上有所不同，但遵循高浓度短时间、低浓度长时间处理的原则。

在余氯分析测试方法方面，GB/T 14424—2008 采用 DPD 分光光度法和 DPD 滴定法。游离氯测定反应原理是在酸性溶液体系中，余氯与 N，N-二乙基-1，4-苯二胺（DPD）显色剂进行氧化还原反应，生成红色化合物。当过量碘化钾存在时，化合性余氯可以通过碘化钾的氧化反应生成碘，碘再与游离性余氯一起氧化 DPD 生成红色化合物，此时的测定值为余氯含量，即游离性余氯和化合性余氯的总含量。DPD 滴定法和 DPD 分光光度法具有反应迅速、现象明显、生成物较为稳定、准确度和精密度高等优点，目前在很多国家和地区被推荐为余氯测定方法。但 DPD 滴定法中，由于需依靠实验者目视读取微量滴定管的示数，这将造成一定的人为误差。

ASTM D1253-14 采用直接安培（电流）滴定法，其方法原理是使用氧化苯胂作为滴定液。当电极被浸没在含氯样品中时，产生电流。随着氧化苯胂的加入，氯被还原，电流停止产生。当氯以氯胺的形式存在时，加入碘化钾，释放出的碘可以用类似的方式滴定。按游离氯计算碘的含量即可计算出化合性残余氯的量。ASTM D1253-14 借助仪器读数，有效地降低了由于实验者造成的人为误差。

可见，GB/T 14424—2008 和 ASTM D1253-14 采用的方法原理均为氧化还原反应，只是加入的还原剂及对氧化还原反应定量化的措施不同，GB/T 14424—2008 使用 DPD 作为还原剂，采用化学法对氧化还原反应进行定量分析；ASTM D1253-14 使用氧化苯砷作为还原剂，采用物理法对氧化还原反应进行定量分析。同时，ASTM D1253-14 还借助仪器分析，有效地降低了滴定法的人为误差，使方法精确度得到提高。

在取样方面，GB/T 14424—2008 和 ASTM D1253-14 的要求基本相同，仅在细节处存在细微差别，如 GB/T 14424—2008 规定使用棕色细口玻璃瓶，ASTM D1253-14 规定样品测试前需避光放置，样品瓶需是玻璃制品，但对避光措施没有做出必须使用棕色瓶的明确要求。ASTM D1253-14 还在此部分规定所有测试过程须在采样后 5 min 内完成，GB/T 14424—2008 关于此规定则出现在分析步骤中，且没规定具体时间。

在测试过程上，ASTM D1253-14 和 GB/T 14424—2008 中的滴定法都省略了校准曲线制作步骤，GB/T 14424—2008 中的分光光度法则需首先制作校准曲线；此外，ASTM D1253-14 无须排除锰氧化物干扰，测试步骤更少，因此，ASTM D1253-14 比 GB/T 14424—2008 测试过程更为简便。ASTM D1253-14 分步测定 3 个标准化对象的值，GB/T 14424—2008 只能测定余氯和游离氯的值，化合氯的值是利用余氯和游离氯的值计算得出，因此，ASTM D1253-14 可以通过实验值对 3 个标准化对象的值的关系进行验证。

在干扰物方面，与GB/T 14424—2008不同，ASTM D1253-14不受样品的温度、颜色或浊度的干扰，不受锰氧化物干扰，但二氧化氯及其他氧化剂，包括臭氧、过氧化氢、碘、溴、高铁酸盐等对2个标准的测定具有一定的干扰。循环冷却水是一种具有一定浊度的样品，从本质上来说，其不适用于分光光度法，但GB/T 14424—2008并未关注浊度干扰问题。

在质量控制方面，ASTM D1253-14设置了专门章节对此加以详细说明，GB/T 14424—2008中没有相关内容。ASTM D1253-14规定的质量控制程序包括7个方面，即校准和校准验证、实验室能力的初始证明、实验室质控样品（LCS）、方法空白、加标试验（MS）、重复性试验和独立的标准品（IRM）。

（5）对比结论

GB/T 14424—2008和ASTM D1253-14的标准化目标基本一致，标准化对象虽然在名称上略有不同，但实质相同，即均包括余氯、游离性余氯和化合性余氯。

GB/T 14424—2008和ASTM D1253-14的适用范围基本相同，仅在ASTM D1253-14中明确说明了其适用于原海水，GB/T 14424—2008未说明其是否适用于海水及浓缩海水。

GB/T 14424—2008和ASTM D1253-14采用的方法原理均为氧化还原反应，只是加入的还原剂以及对氧化还原反应定量化的措施不同，GB/T 14424—2008采用化学法定量氧化还原反应；ASTM D1253-14采用物理法定量氧化还原反应。同时，ASTM D1253-14还借助仪器分析，有效地降低了滴定法的人为误差，使方法精确度得到提高。而且该法不受样品的温度、颜色或浊度的干扰，比GB/T 14424—2008更适用于具有一定浊度的海水循环冷却水。

ASTM D1253-14规定了详细的质量控制程序，GB/T 14424—2008则未涉及质量控制内容。

综上所述，ASTM D1253-14更适用于具有一定浊度的循环冷却水中余氯的检测，且在技术水平上略优于GB/T 14424—2008。

（五）海水循环冷却领域标准化发展建议

目前，国际上尚没有专门针对海水循环冷却系统设计、运行管理和测试方法标准，仅有适用于以淡水为补充水的工业冷却系统方面的通用性标准，对这些标准在海水循环冷却领域应用的适用性还有待验证。

与美国在该领域的标准化现状相比，我国近年来虽然针对海水循环冷却技术特点提出了海水循环冷却领域标准体系，并制定了一批适用于海水循环冷却技术的系统设计、水处理设计、水质要求和检测、水处理剂、冷却塔测试、防腐、防生物附着和环境保护等标准，但当前海水循环冷却领域的标准化现状，尚不足以满足海水循环冷却领域的标准化应用和发展需要，标准体系建设远未完成，尚有一些分支处于缺失状态。现有标准在技术分支的广度上、技术水平的深度上都尚有欠缺，特别是在工程应用、化学品检测、环境保护和水源地等方面均需进一步深化标准化工作。

此外，为应对建设海洋强国和“21 世纪海上丝绸之路”的国家发展需要，还需进一步加强海水循环冷却领域国际标准化工作，开展海水循环冷却领域现行标准与国际标准的差异化研究、境外适应性研究，探讨海水循环冷却领域标准“走出去”的可行性；开展现行海水循环冷却领域标准外文版制定工作，尽快组织编制、发布英文版，为推动标准“走出去”做好前期储备。

第九章　我国海洋技术标准国标转化实践与经验总结

一、标准转化实践总结

通过积极地在国际舞台上推广中国海洋标准，与有关国家开展一系列海洋标准转化合作，无疑将提高我国海洋标准在世界上的影响力，促进有关合作国家海洋实力的增长，为有关国家或地区的海洋能力建设提供中国方案。

经过不懈的努力，目前海洋标准已成功应用于泰国海洋调查合作项目、印度尼西亚海水淡化工程建设项目、斯里兰卡联合海洋站建设项目，并被纳入联合国教科文组织政府间海洋学委员会海洋最佳实践系统，成功转化海洋标准 6 项。

海洋标准的转化方式包括：开展联合调查活动转化标准、依托海水淡化工程项目建设转化标准、援建海洋观测站转化标准、在国际组织将标准转化为国际最佳实践等几种方式。

开展海洋联合调查活动，目的在于获取区域海洋环境数据，实现数据共享，服务海洋科学研究项目。通过签订联合调查协议，以中国标准为作业指导，注重标准的实际适用性，并不断进行反馈和修改，促进了标准在联合调查中的实际应用价值，有效发挥了标准的规范作用，解决了开展国际联合调查活动缺少标准规范的问题，为今后我国海洋调查标准在国外的合作应用探索了道路。

在海水淡化工程项目建设过程中使用中国海洋标准，保证了工程建设实施的规范性和标准化，充分体现了我国海洋标准的技术优势和经济适用性，满足了东南亚国家对于大型海水淡化项目的技术需求，实现了中国与印度尼西亚在海水淡化领域的技术融合与产业对接，为后续两国间开展工程建设、技术转移、装备输出、投资运营等合作奠定了重要基础。同时，在以海水淡化工程项目为依托，带动海洋标准“走出去”的模式下，中国在国际海水淡化市场中的竞争力也得到了提升，能够使我国海水淡化产业真正“走出去”、辐射全球，进而促进更多海洋标准搭载海洋工程服务项目“走出去”。

开展海洋站援助建设合作，以开展国际合作并签订协议的形式，援助海洋建设发展滞后的国家建设海洋观测设施，提升合作国海洋实力，解决其海洋事业发展中的观测需求，提升该国应对海洋灾害的能力。以援建工程项目的形式，推动我国海洋标准“走出去”的模式下，我国海洋标准一般具有技术上的先进性、适用性，并在经济上具有一定优势。当前，我国在海洋观测领域具有较广阔的合作前景，因此以援建形式开展国际合作，推动我国海洋标准到国外转化应用，也是一种可操作性较强的合作方法，同时，通过我国海洋标准在国外的实际应用，产生标准化效益，可以带动更多海洋标准走出国门。

将我国海洋标准直接上升为国际组织正式发布的国际文件，也是我国海洋标准“走出去”的一条创造性道路。我国积极参与联合国教科文组织政府间海洋学委员会重点发展的“海洋最佳实践系统”建设活动，将我国海洋领域具有特色、技术先进的代表性海洋标准提交国际组织专业审查，并以海洋最佳实践（OBP）的形式进行发布，推荐政府间海洋学委员会成员国进行使用，以达到规范、统一相关海洋活动的目的。我国海洋标准转化为国际文件，一方面，在转化应用模式上具有创新性；另一方面，我国海洋标准登上国际舞台，被国际社会广泛接受，能够极大地提升我国海洋标准的国际影响力，充分体现出我国海洋标准体系完善、技术先进合理的优点，为今后更多海洋标准上升为国际文件奠定了良好的基础。

二、标准转化经验与教训

在推动我国海洋标准“走出去”的实践过程中，相关研究人员开展了大量的工作，在不断努力下，最终有部分标准成功或按照计划进行了转化应用，但是也有部分标准因各种原因无法完成转化或未按照原定模式进行转化。这说明，我国海洋标准“走出去”的道路并不是一帆风顺的，只有经过不断探索“摸着石头过河”，并需要不断总结经验和教训，才能拓宽我国海洋标准“走出去”的道路。在推动海洋标准“走出去”的过程中，我们也积累了一些经验和思考。

首先，谨慎选取转化目标国。在开展标准转化时，能否转化成功的必要因素首先取决于目标国。转化目标国的政治环境、安全环境、政策环境等因素将直接决定着标准转化的成败。比如：巴基斯坦转化标准的过程中就受到了政治环境（安全）方面的很大阻力。再如：在海洋工程勘察标准转化方面，因东南亚某些国家政策原因，我国海洋标准无法顺利转化。因此，在选取转化目标国时，要充分开展转化目标国的政策分析，了解政策对于标准转化应用的影响，要选取政治环境稳定、政策友好的国家，以便于降低我国海洋标准转化的难度。

其次，充分开展标准适用性分析。我国海洋标准在国外转化应用要考虑标准在国外的适用性问题。如果国外在此方面基础为零，且具有实施标准的全部软硬件条件，则可以考虑完全照搬我国标准，如斯里兰卡的GNSS观测站建设项目中标准的应用案例。如果目标国在此方面已经有一定的工作积累，则要进行标准适用性分析，通过分析标准在别国的适用性来评估标准转化的可能性，或对标准内容进行调整以符合实际需求，比如泰国海洋调查合作项目中的标准应用案例。

再次，灵活选取标准转化方式。并非所有的海洋标准都可以在目标国转化落地，有些发展中国家，因经济发展条件原因或政策原因无法直接采用我国海洋标准，在向此类目标国转化的时候应该灵活选取标准转化方式。在无法通过直接签订服务或工程合同、协议的时候，可适时考虑采用标准互认模式开展。同时，采用标准互认方式开展标准转化，需要得到国家标准化和海洋管理层面的支持，进而开展相关工作。

最后，标准转化以工程装备带动转化为宜。在海洋标准成功转化的案例中，以签署工程服务项目、开展联合调查、援助建设方式开展的转化往往比较容易实施和落地，不仅转化周期短，而且转化成功率也相对较高。在满足目标国标准应用需求的基础上，以协议、合同方式加以规定，按照协议或合同内容分步实施，在提供服务或装备的同时，带动标准"走出去"，以事实进行应用。另外，以标准互认、制定国际标准或区域标准的方式相对难度较大，往往转化周期长，转化不确定性高，前者需要国家层面的支持并进行事实推动，而后者则需要转化方在国际组织中有一定的影响力和话语权，以赢得国际认可。

参考文献

段焕强，谈探，2012. 中国海水淡化产业现状与趋势［J］. 水工业市场，3：29-33.

冯厚军，谢春刚，2010. 中国海水淡化技术研究现状与展望［J］. 化学工业与工程，2：103-109.

国家海洋局北海分局，2006. 海滨观测规范：GB/T 14914—2006.［S］. 北京：中国质检出版社.

国家海洋局北海分局，2007. 海洋调查规范　第3部分　海洋气象观测：GB/T 12763.3—2007.［S］. 北京：中国质检出版社.

国家海洋局北海分局，2019. 海洋观测规范　第2部分　海滨观测：GB/T 14914.2—2019.［S］. 北京：中国质检出版社.

国家海洋局第一海洋研究所，2007. 海洋调查规范　第2部分　海洋水文观测：GB/T 12763.2—2007.［S］. 北京：中国质检出版社.

国家海洋局天津海水淡化与综合利用研究所，2009. 海水循环冷却水处理设计规范：GB/T 23248—2009.［S］. 北京：中国标准出版社.

侯纯扬，2002. 海水冷却技术［J］. 海洋技术，21（4）：33-40.

黄华，黄丽华，2018. 英国标准化发展现状及中英标准化合作建议［J］. 标准科学，12：16-19.

黄萍，李文妍，2018. 印度尼西亚标准化现状及发展趋势研究［J］. 标准科学，7：6-10.

焦文海，魏子卿，郭海荣，等，2004. 联合GPS基准站和验潮站数据确定海平面绝对变化［J］. 武汉大学学报：信息科学版，29（10）：901-904.

李琴，蒋春霞，2011. 首台自主知识产权海水淡化设备印尼投运［J］. 企业管理实践与思考，12：20-21.

李亚红，2016. 海水循环冷却在中国的发展研究［J］. 盐业与化工，45（6）：9-13.

刘根友，朱耀仲，许厚泽，等，2005. GPS监测中国沿海验潮站垂直运动观测研究［J］. 武汉大学学报·信息科学版，30（12）：1044-1047.

刘慧娟，曹军瑞，李雪磊，2009. 印度尼西亚INDRAMAYU电厂海水淡化项目综述［J］. 电力勘测设计，6：46-49.

刘静，孙亮，张巳男，等，2018. 法国标准化战略发展历程及最新进展［J］. 标准科学，4：30-35.

刘淑静，张拂坤，王静，等，2013. 国外海水淡化环境政策研究及对我国的启示［J］. 中国人口资源与环境，S2：179-181.

马乐天，冯旭文，李家彪，2017. 海洋技术国际标准化在中国的起步及其实践意义［J］. 地球科学进展，6：660-667.

潘庆庆，尹凤军，何德雨，2019. 印度尼西亚的国家质量基础初探［J］. 质量与认证，1：83-85.

阮国岭，冯厚军，2008. 国内外海水淡化技术的进展［J］. 中国给水排水，20：86-90.

天津化工研究设计院，2008. 工业循环冷却水中余氯的测定：GB/T 14424—2008.［S］. 北京：中国标准出版社.

王立非，蒙永业，2016. 论实施中国标准“走出去”战略的语言服务途径［J］，中国标准化，3：34-39.

王生辉，赵河立，2012. 中国海水淡化产业发展环境及市场展望［J］. 海洋经济，3：18-21.

肖寒，2008. 欧洲标准化委员会的标准类型及启示［J］. 中国标准化，4：69-71.

薛春汀，2002. 对我国沿海全新世海平面变化研究的讨论［J］. 海洋学报. 24（4）：58-67.

张书卿，2007. 美国国家标准管理体系及运行机制［J］. 世界标准化与质量管理，10：17-19.

ASTM，2014，Standard test method for residual chlorine in water：ASTM D1253-14［S］. West Conshohocken，United States. ASTM.

Tomas F. Stocker，Dehe Qin，Gian-Kasper Plattner et al.，2013，Climate change 2013：The Physical Science Basis，Working Group I contribution to the fifth assessment report of the Intergovernmental Panel on Climate Change［M］. New York，USA，Cambridge University Press.

U. S. Army Corps of Engineers，Naval Facilities Engineering Command，Air Force Civil Engineer Support Agency，2005，Industrial water treatment operation and maintenance：UFC 3-240-13FN：2005［S］. Washington D. C. Department of Defense，United States of America.

World Meteorological Organization，2014，Guide to meteorological instruments and methods of observation：WMO No. 8［S］. Geneva，Switzerland. WMO.

XIAO Han，2008. Standard Types of CEN and Its Enlightment［J］. China Standardization，4：69-71.